普 通 高 等 教 育 "十 三 五" 规 划 教 材

过程装备与控制工程专业实验教程

石腊梅　主编

化学工业出版社

·北京·

《过程装备与控制工程专业实验教程》将基础理论和实验实践融会贯通，在编排上先简单介绍实验中所涉及的专业理论知识，然后再给出实验的具体过程指导，以利于学生学习掌握。

　　本书第 1 篇是过程装备类实验，涵盖了过程设备设计、过程流体机械、压力容器无损检测涉及的 9 个专业实验项目和换热器性能测试所涉及的 4 个综合实验项目。

　　本书第 2 篇是过程控制类实验，涵盖了单片机应用技术和过程装备控制技术及应用涉及的 17 个实验项目，包括 13 个专业实验项目和 4 个综合实验项目。

　　本书可作为高等工科院校过程装备与控制工程及相关专业的专业实验指导教材，也可作为高等职业教育相关专业的实验教材。

图书在版编目（CIP）数据

过程装备与控制工程专业实验教程/石腊梅主编.
北京：化学工业出版社，2016.6
普通高等教育"十三五"规划教材
ISBN 978-7-122-27025-2

Ⅰ.①过⋯　Ⅱ.①石⋯　Ⅲ.①化工过程-化工设备-实验-高等学校-教材②化工过程-过程控制-实验-高等学校-教材　Ⅳ.①TQ051-33②TQ02-33

中国版本图书馆 CIP 数据核字（2016）第 097440 号

责任编辑：旷英姿　林　媛　　　　　　　　　　装帧设计：王晓宇
责任校对：王　静

出版发行：化学工业出版社（北京市东城区青年湖南街 13 号　邮政编码 100011）
印　　刷：北京永鑫印刷有限责任公司
装　　订：三河市宇新装订厂
787mm×1092mm　1/16　印张 8¼　字数 179 千字　2016 年 8 月北京第 1 版第 1 次印刷

购书咨询：010-64518888（传真：010-64519686）　　售后服务：010-64518899
网　　址：http://www.cip.com.cn
凡购买本书，如有缺损质量问题，本社销售中心负责调换。

定　　价：24.00 元

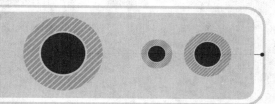

前言
FOREWORD

过程装备与控制工程专业将"过程"、"装备"与"控制"这3个相关知识领域有机紧密地结合在一起，是以机械为主，工艺与控制为辅的"一机两翼"的复合型交叉专业。为适应这一专业特色和应用型本科人才培养要求，服务于国家和地方经济建设，专业实验改革向提高学生知识综合应用能力、动手能力和创新能力等方向发展，培养学生的综合素质。为此我们在原化工设备与机械专业的基础上，结合本专业特点，将过程装备与控制工程专业多门课程结合，开发了多功能综合实验装置，体现了集过程、设备及控制为一体的专业特色。

本书共2篇、6章，第1篇是过程装备实验，涵盖了过程设备设计、过程流体机械、压力容器无损检测和换热器性能测试涉及的13个实验项目。第2篇是过程控制类实验，涵盖了单片机应用技术和过程装备控制技术及应用涉及的17个实验项目。每个实验项目都详细介绍了该实验的目的要求、实验内容、实验设备设施、实验原理、实验步骤和实验报告要求，并针对实验内容列出了思考题。对于一些综合性较强、涉及内容较多的实验还给出了实验数据记录与整理表格及实验数据处理与分析方法，供学生参考。

本书可作为过程装备与控制专业及相关专业的专业实验教材使用。

本书由荆楚理工学院石腊梅担任主编。具体编写分工如下：第1章、第4章由石腊梅编写，第2章由荆楚理工学院周颖编写，第3章由荆楚理工学院樊金巧编写，第5章由荆楚理工学院李波编写，第6章由荆楚理工学院黄向龙编写。

由于编者水平有限，书中难免存在疏漏之处，希望广大读者给予批评指正。

编　者
2016 年 2 月

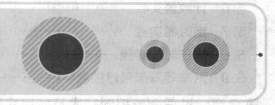

目录 CONTENTS

 -->

Chapter 01

第 **1** 篇
过程装备实验

第 **1** 章
过程设备设计实验

1.1　薄壁容器应力应变测定实验

1.1.1　薄壁容器的应力分布与计算

薄壁容器是指壳体厚度 t 与其中面曲率半径 R 的比值 $(t/R)_{max} \leqslant 1/10$ 的壳体，对于圆筒，$(D_o/D_i)_{max} \leqslant 1.1 \sim 1.2$ 称为薄壁圆筒。当壁厚较薄，薄壳的抗弯刚度非常小，弯曲内力很小，可以忽略其影响，忽略弯曲内力的壳体理论，称为无力矩理论或薄膜理论，通过薄膜理论求出的应力解称为薄膜应力。

1.1.1.1　薄壁容器应力分析

（1）薄壁圆筒应力

根据薄壁壳体的无力矩理论可以求得受均匀气压内压的薄壁容器筒体部分的应力值：

径向应力（轴向应力）：$\sigma_\varphi = \dfrac{p(D_i + t)}{4t}$

环向应力（周向应力）：$\sigma_\theta = \dfrac{p(D_i + t)}{2t}$ 　　　　　　　（1-1）

式中　p——容器所受内压力，MPa；

D_i——容器内直径，mm；

t——容器壁厚，mm；

σ_φ，σ_θ——径向应力，环向应力，MPa。

（2）锥形封头应力

根据薄壁壳体的无力矩理论可以求得受均匀气压内压的锥形封头
（见图 1-1）的应力值：

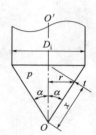

图 1-1　锥形封头

$$\sigma_\varphi = \frac{px\tan\alpha}{2t} = \frac{pr}{2t\cos\alpha}$$

$$\sigma_\theta = \frac{px\tan\alpha}{t} = \frac{pr}{t\cos\alpha} \qquad (1-2)$$

式中　r——锥形封头任一点处半径，mm；

x——锥形封头任一点到锥顶的距离，mm；

α——半锥角。

由上式可知，锥形壳体上径向应力、周向应力与 x 呈线性关系，离锥顶越远，应力越大。

（3）球形封头应力

根据薄壁壳体的无力矩理论可以求得受均匀气压内压的球形封头的应力值：

$$\sigma_\varphi = \sigma_\theta = \frac{p(D_i + t)}{4t} \qquad (1-3)$$

（4）椭圆形封头上各点的应力

根据薄壁壳体的无力矩理论可以求得受均匀气压内压的椭圆形封头的应力值：

$$\sigma_\varphi = \frac{p}{2t} \frac{\left[a^4 - x^2(a^2 - b^2)\right]^{1/2}}{b} \qquad (1\text{-}4a)$$

$$\sigma_\theta = \frac{p}{2t} \frac{\left[a^4 - x^2(a^2 - b^2)\right]^{1/2}}{b} \left[2 - \frac{a^4}{a^4 - x^2(a^2 - b^2)}\right] \qquad (1\text{-}4b)$$

在壳体顶点处（$x = 0$），$\sigma_\varphi = \sigma_\theta = \dfrac{pa^2}{2bt}$

在壳体赤道上（$x = a$），$\sigma_\varphi = \dfrac{pa}{2t}$，$\sigma_\theta = \dfrac{pa}{t}\left(1 - \dfrac{a^2}{2b^2}\right)$ 　　　（1-5）

式中　　a——椭圆形封头长半轴，mm；

　　　　b——椭圆形封头短半轴，mm。

由式（1-4）可知，椭圆形封头的应力值大小与 a/b 有关。当 $a/b=2$ 时，σ_φ、σ_θ 绝对值与筒体应力大小相等，故称标准椭圆形封头。

1.1.1.2　薄平板应力分析

承受均布载荷时圆平板会发生弯曲变形，平板中的应力为弯曲应力。平板根据支承情况不同可分为周边固支圆平板和周边简支圆平板，其受力情况如图 1-2 所示。

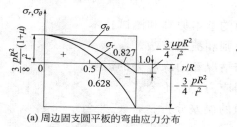
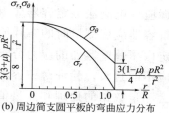

(a) 周边固支圆平板的弯曲应力分布　　　　(b) 周边简支圆平板的弯曲应力分布

图 1-2　圆平板的弯曲应力分布

σ_r—平板径向弯曲应力，MPa；σ_θ—平板周向弯曲应力，MPa；

R—平板外圆半径，mm；t—容器壁厚，mm；r—平板任一点到板中心的距离，mm；μ—材料的泊松比

1.1.1.3　回转薄壳的不连续分析

大多数容器都是由多种结构组合而成，这时候在这些结构的结合处，总体结构不连续，组合壳在连接处附近的局部区域出现衰减很快的应力增大现象，称为"不连续效应"或"边缘效应"。由此引起的局部应力称为"不连续应力"或"边缘应力"。分析组合壳不连续应力的方法，在工程上称为"不连续分析"。

工程上常把壳体应力的解分解为两个部分：①薄膜解或称主要解，即壳体的无力矩理论的解，求得的薄膜应力与相应的载荷同时存在，这类应力称为一次应力；有矩解或称次要解，即在两壳体连接边缘处切开后，自由边界上受到的边缘力和边缘力矩作用时的有力矩理论的解，求得的应力称二次应力。它是由于相邻部分材料的约束或结构自身约束所产生的应力，有自限性。组合壳的不连续应力可以根据一般壳体理论计算，但较复杂，工程上常采用简便的算法：边缘问题求解＝薄膜解＋弯曲解。

薄膜应力：容器的圆筒中段①处（见图 1-3），可以忽略薄壁圆筒变形前后圆周方向曲率半径变大所引起的弯曲应力。用无力矩理论来计算。

弯曲应力：在凸形封头、平底盖与筒体联接处②和③，则因封头与平底的变形小于筒体部分的变形，边缘连接处由于变形谐调形成一种机械约束，从而导致在边缘附近产生附加的弯曲应力。必须用复杂的有力矩理论及变形谐调条件才能计算。

由中低容器设计的薄壳理论分析可知，薄壁回转容

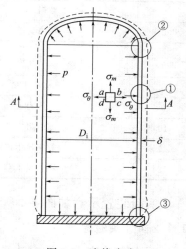

图 1-3　边缘应力

器在承受内压作用时，圆筒壁上任一点将产生两个方向的应力，径向应力和环向应力。在实际工程中，不少结构由于形状与受力较复杂，进行理论分析时，困难较大；或是对于一些重要结构在进行理论分析的同时，还需对模型或实际结构进行应力测定，以验证理论分析的可靠性和设计的精确性。所以，实验应力分析在压力容器的应力分析和强度设计中有十分重要的作用。

1.1.2 实验指导

1.1.2.1 目的要求

（1）掌握应变电测法测定容器应力的基本原理和测试技术。
（2）了解容器应变测量时的布片原则和测量方法。
（3）测定内压薄壁容器的应力分布情况和边缘应力的影响。
（4）对应不同封头，验证薄壁容器应力的理论公式。
（5）学会测量数据的处理和测量值的误差分析。

1.1.2.2 实验内容

实测在不同内压作用下四种封头与筒体上各测点的应变值，计算并绘制其应力分布曲线。

1.1.2.3 实验设施设备

离心水泵、手动试压泵、不锈钢容器（＋封头）、应力应变仪（CM-1H-32型）、应变片、丙酮、导线、电烙铁等（见表1-1）。

表1-1　薄壁容器应力应变测定实验装置基本配置

序号	设备名称	规格型号	数量
1	不锈钢容器 $\phi 400mm \times 4mm$，$L=500mm$	椭圆形＋球形封头	1
2	不锈钢容器 $\phi 400mm \times 4mm$，$L=500mm$	锥形＋平板封头	1
3	手动试压泵	SY-40	1
4	温度变送器	Pt100	1
5	数据采集板	PCI8310	1
6	压力变送器	SM9320DP（0～1MPa）	2
7	计算机	CPU 酷睿1.6G，内存1.0G，硬盘160G，DVD光驱，17 in液晶显示器（触摸屏）	1
8	离心水泵	WB50/025	1
9	压力表	0～1.6MPa	2
10	静态电阻应变仪	CM-1H-32	1
11	数字显示仪	AI-501B24V	4
12	不锈钢水箱		1

实验装置示意如图1-4所示。

1.1.2.4 实验原理

现在实验应力分析方法已有十几种，而应用较广泛的有电测法和光弹法，其中前者

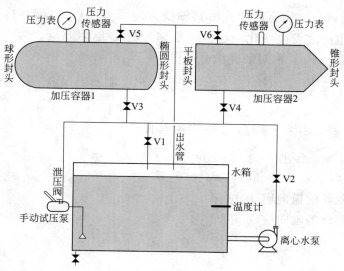

图 1-4　实验装置示意图

在压力容器应力分析中广泛采用。可用于测量实物与模型的表面应变，具有很高的灵敏度和精度；由于它在测量时输出的是电信号，因此易于实现测量数字化和自动化，并可进行无线电遥测；既可用于静态应力测量，也可用于动态应力测量，而且高温、高压、高速旋转等特殊条件下可进行测量。

（1）电阻应变测量原理

电阻应变片（简称应变片）测量应变的大致过程如下：将应变片粘贴或安装在被测构件表面，然后接入测量电路（电桥或电位计式线路），随着构件受力变形，应变片的敏感栅也随之变形，致使其电阻值发生变化，此电阻值的变化与构件表面应变成比例，测量电路输出应变片电阻变化产生的信号，经放大电路放大后，由指示仪表或记录仪器指示或记录。这是一种将机械应变量转换成电量的方法，其转换过程如图 1-5 所示。测量电路的输出信号经放大、模数转换后可直接传输给计算机进行数据处理。

图 1-5　用电阻应变片测量应变

① 电阻应变片结构　电阻应变片是用于测量应变的元件。它能将机械构件上应变的变化转换为电阻变化。电阻应变片是由 $\phi = 0.02 \sim 0.05\text{mm}$ 的康铜丝或镍铬丝绕成栅状（或用很薄的金属箔腐蚀成栅状）夹在两层绝缘薄片中（基底）制成（见图 1-6）。用镀银铜线与应变片丝栅连接，作为电阻片引线。

由物理学可知，金属导线的电阻值 R 与其长度 l 成正比，与其截面积 s 成反比，若金属导线的电阻率为 ρ，则用公式表示为

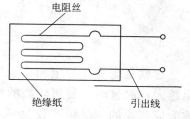

图 1-6　电阻应变片结构示意图

$$R = \rho \frac{l}{s} \tag{1-6}$$

② 应变-电阻效应　当金属导线沿其轴线方向受力而产生变形时，ρ、l、s 要发生变化，其电阻值也随之发生变化，这一现象称为应变-电阻效应。为了说明产生这一效应的原因，可将式（1-6）取对数并微分，得

$$dR = \frac{R}{\rho}d\rho + \frac{R}{l}dl - \frac{R}{s}ds = \frac{l}{s}d\rho + \frac{\rho}{s}dl - \frac{\rho l}{s^2}ds = \frac{l}{s}d\rho + \frac{\rho}{s}dl\left(1 - \frac{ds}{s} \times \frac{l}{dl}\right) \tag{1-7}$$

式中，$s = \frac{\pi}{4}\phi^2$，$ds = \frac{\pi}{2}\phi d\phi$；$\phi$ 为电阻丝直径。

则
$$\frac{ds}{s} \times \frac{l}{dl} = \frac{\pi\phi d\phi/2}{\pi\phi^2/4} \times \frac{l}{dl} = 2\frac{d\phi/\phi}{dl/l} = 2\frac{\varepsilon'}{\varepsilon} \tag{1-8}$$

式中　ε'——电阻丝的横向应变 $d\phi/\phi$；

ε——电阻丝的轴向应变 dl/l。

导线的泊松比 $\mu = -\dfrac{\varepsilon'}{\varepsilon}$。

将式（1-8）代入式（1-7）得：

$$dR = \frac{l}{s}d\rho + \frac{\rho}{s}dl(1+2\mu) \tag{1-9}$$

得
$$\frac{dR}{R} = \frac{l}{sR}d\rho + \frac{\rho}{sR}dl(1+2\mu) \tag{1-10}$$

将式（1-6）代入式（1-10）得：

$$\frac{dR}{R} = \frac{d\rho}{\rho} + \frac{dl}{l}(1+2\mu) = \frac{d\rho}{\rho} + \varepsilon(1+2\mu) \tag{1-11}$$

式（1-11）表明，当金属导线受力变形后，由于其几何尺寸和电阻率发生变化，从而使其电阻发生变化。可以设想，若将一根金属丝粘贴在构件表面上，当构件产生变形时，金属丝也将随之变形，利用金属丝的应变-电阻效应就可将构件表面的应变量直接转换为电阻的相对变化量。电阻应变片就是利用这一原理制成的应变敏感元件。

等式两边同除 ε 得

$$\frac{dR}{R\varepsilon} = \frac{d\rho}{\rho\varepsilon} + (1+2\mu) \tag{1-12}$$

实验表明，对一定的材料，$\dfrac{d\rho}{\rho\varepsilon} + (1+2\mu)$ 为常量。

令　$\dfrac{d\rho}{\rho\varepsilon} + (1+2\mu) = K$

得
$$\frac{dR}{R} = K\varepsilon \tag{1-13}$$

这就是应变片的电阻变化率与应变值的关系，对于同一 ε 值，K 值越大则 dR/R 也越大；测量时，易得较高的精度，因此 K 值是反映应变片对应变敏感程度的物理量，称为应变片的"灵敏系数"，K 值的大小与金属丝的材料和应变片的结构形式有关，一般制造厂已给出具体的数值（本实验应变片的灵敏系数 $K = 2.08$）。

（2）电桥的工作原理

通过应变片可以将被测件的应变转换为应变片的电阻变化。但通常这种电阻变化是

很小的。为了便于测量，需将应变片的电阻变化转换成电压（或电流）信号，再通过放大器将信号放大，然后由指示仪或记录仪器指示或记录应变数值。这一任务是由电阻应变仪来完成的。而电阻应变仪中将应变片的电阻变化转换成电压（或电流）变化是由应变电桥（即惠斯顿电桥）来完成的。

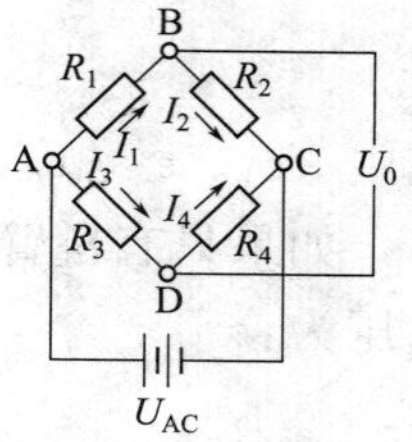

惠斯顿电桥如图 1-7 所示。设电桥各桥臂电阻分别为 R_1、R_2、R_3、R_4，其中的任意一个桥臂电阻都可以是应变片电阻。电桥的 A、C 为输入端，接直流电源，输入电压为 U_{AC}；而 B、D 为输出端，输出电压为 U_{BD}。下面分析当 R_1、R_2、R_3、R_4 变化时，输出电压 U_{BD} 的大小。从 ABC 半个电桥来看，AC 间的电压为 U_{AC}，流经 R_1 的电流为：

$$I_1 = \frac{U_{AC}}{R_1 + R_2}$$

由此得出 R_1 两端的电压降为：

$$U_{AB} = I_1 R_1 = \frac{R_1}{R_1 + R_2} U_{AC}$$

同理，R_3 两端的电压降为：

$$U_{AD} = \frac{R_3}{R_3 + R_4} U_{AC}$$

故可得到电桥输出电压为：

$$U_0 = U_{AB} - U_{AD} = \frac{R_1}{R_1 + R_2} U_{AC} - \frac{R_3}{R_3 + R_4} U_{AC}$$

$$= \frac{R_1 R_4 - R_2 R_3}{(R_1 + R_2)(R_3 + R_4)} U_{AC} \tag{1-14}$$

由式（1-14）可知，要使电桥平衡，即要使电桥输出电压 U_0 为零，则桥臂电阻必须满足

$$R_1 R_4 = R_2 R_3 \tag{1-15}$$

若电桥初始处于平衡状态，即满足式（1-15）。当各桥臂电阻发生变化时，电桥就有输出电压。设各桥臂电阻相应发生了 ΔR_1、ΔR_2、ΔR_3、ΔR_4 的变化，则由式（1-14）可计算得到电桥的输出电压为：

$$U_0 = \frac{(R_1 + \Delta R_1)(R_4 + \Delta R_4) - (R_2 + \Delta R_2)(R_3 + \Delta R_3)}{(R_1 + \Delta R_1 + R_2 + \Delta R_2)(R_3 + \Delta R_3 + R_4 + \Delta R_4)} U_{AC} \tag{1-16}$$

将式（1-15）代入式（1-16），且由于 $\Delta R_i \ll R_i$，可略去高阶微量，故得到：

$$U_0 = \frac{R_1 R_2}{(R_1 + R_2)^2}\left(\frac{\Delta R_1}{R_1} - \frac{\Delta R_2}{R_2} - \frac{\Delta R_3}{R_3} + \frac{\Delta R_4}{R_4}\right) U_{AC} \tag{1-17}$$

式（1-16）和式（1-17）分别为电桥输出电压的精确计算公式和近似计算公式。用直流电桥进行应变测量时，电桥有等臂电桥、卧式电桥或立式电桥三种应用状态，本实验采用等臂电桥。四个桥臂电阻值均相等的电桥称为等臂电桥。即 $R_1 = R_2 = R_3 = R_4 = R$，此时式（1-17）可写为：

$$U_0 = \frac{U_{AC}}{4}\left(\frac{\Delta R_1}{R_1} - \frac{\Delta R_2}{R_2} - \frac{\Delta R_3}{R_3} + \frac{\Delta R_4}{R_4}\right) \tag{1-18}$$

图 1-7　惠斯顿电桥

如果四个桥臂电阻都是应变片，它们的灵敏系数 K 均相同，则将关系式 $\Delta R/R = K\varepsilon$ 代入式（1-18），便可得到等臂电桥的输出电压为：

$$U_0 = \frac{U_{AC}K}{4}(\varepsilon_1 - \varepsilon_2 - \varepsilon_3 + \varepsilon_4) \tag{1-19}$$

式中　ε_1、ε_2、ε_3、ε_4——电阻应变片 R_1、R_2、R_3、R_4 所感受的应变。

如果只有桥臂 AB 接应变片，即仅 R_1 有一增量 ΔR，即感受应变 ε_1，则得到输出电压为：

$$U_0 = \frac{U_{AC}}{4} \times \frac{\Delta R}{R} = \frac{U_{AC}}{4}K\varepsilon \tag{1-20}$$

式（1-20）表明，应用电桥电压输出近似计算公式，得到的电桥输出电压与应变呈线性关系。若应用精确式（1-16），则得到电桥输出电压为

$$U_0 = \frac{U_{AC}}{4} \frac{\Delta R}{R}\left(\frac{1}{1 + \frac{1}{2}\frac{\Delta R}{R}}\right) \tag{1-21}$$

将式（1-21）与式（1-20）比较可知，在式（1-21）中增加了一个系数（括号部分），该系数称为非线性系数。它越接近于 1，说明电桥的非线性越小，即按近似公式计算与精确公式计算得到的输出电压数值越接近。

通常应变片的灵敏系数 $K = 2$，若应变为 1000 微应变，则由 $\Delta R/R = K\varepsilon$ 可得到式（1-21）中的非线性系数等于 0.999，非常接近于 1。因此一般应变测量按近似公式计算输出电压，所产生的误差是很小的，通常可以忽略不计。

（3）静态电阻应变仪

电阻应变仪是根据应变检测要求而设计的一种专用仪器。它的作用是将电阻应变片组成测量电桥，并对电桥输出电压进行放大、转换，最终以应变量值显示或根据后续处理需要传输信号。它由测量电桥、测量通道切换网络、模拟放大电路、A/D 转换电路、光电隔离、单片计算机、键盘输入、显示输出、测量数据保有电路和直流电源等组成。通过单片计算机完成了应变数据采集、处理、显示、通信等各种功能。

电阻应变仪的工作原理如图 1-8 所示。

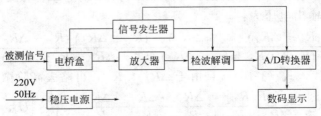

图 1-8　电阻应变仪的工作原理

电阻应变仪的基本原理就是将应变片电阻的微小变化用电桥转变成电压或电流的变化，其大致过程为：应变片—$\mathrm{d}R/R$—电桥—ΔV（ΔI）放大器—放大的 ΔV（ΔI）—检流计—指示读数。

（4）应变-应力换算关系

用电阻应变片测出的是构件上某一点处沿某一方向的线应变，必须经过应变-应力

换算才能得到主应力。不同的应力状态有不同的换算关系。下面讨论平面应力状态时的应变-应力换算关系。

① 单向应力状态　构件在外力作用下，若被测点为单向应力状态，则主应力方向已知，只有主应力 σ 是未知量，可沿主应力 σ 的方向粘贴一个应变片，测得主应变 ε 后，由虎克定律即可求得主应力 σ。

$$\sigma = E\varepsilon \tag{1-22}$$

式中　E——被测构件材料的弹性模量。

② 已知主应力方向的二向应力状态　如图 1-9 所示，受内压力作用的薄壁容器，其表面各点为已知主应力方向的二向应力状态，有主应力 σ_φ、σ_θ 两个未知量，可沿主应力方向，粘贴互相垂直的两个应变片（组成二轴 90°应变花），测得主应变 ε_φ 和 ε_θ，由广义虎克定律通过"应变电测法"测定容器中某结构部位的应变，然后根据以上应力和应变的关系，就可确定这些部位的应力。而应变 ε_φ、ε_θ 的测量是通过粘贴在结构上的电阻应变片来实现的；电阻应变片与结构一起发生变形，并把变形转变成电阻的变化，再通过电阻应变仪直接可测得应变值 ε_φ、ε_θ，然后根据式（1-24）可算出容器上测量位置的应力值。

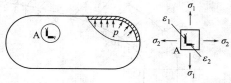

图 1-9　承受内压力的容器

$$\left.\begin{aligned}\varepsilon_\varphi = \frac{\sigma_\varphi}{E} - \mu\frac{\sigma_\theta}{E}\\[2mm]\varepsilon_\theta = \frac{\sigma_\theta}{E} - \mu\frac{\sigma_\varphi}{E}\end{aligned}\right\} \tag{1-23}$$

$$\left.\begin{aligned}\sigma_\varphi = \frac{E}{1-\mu^2}(\varepsilon_\varphi + \mu\varepsilon_\theta)\\[2mm]\sigma_\theta = \frac{E}{1-\mu^2}(\varepsilon_\theta + \mu\varepsilon_\varphi)\end{aligned}\right\} \tag{1-24}$$

式中　σ_φ，σ_θ——径向应力，环向应力；

ε_φ，ε_θ——径向应变，环向应变；

E——弹性模量。

1.1.2.5　实验步骤

（1）了解试验装置（包括管路、阀门、容器、压力自控泵等在实验装置中的功能和操作方法）及电阻片粘贴位置，测量电气线路，转换旋钮等。

（2）电阻片的粘贴步骤和方法介绍如下。

① 应变片的布置方案是根据封头的应力分布特点来决定的。封头在轴对称载荷作用下可以认为是两向应力状态，同一个平行圆上各点受力相同，所以只需在同一个平行圆上一点沿着径向和环向各贴一个应变片即可。

椭圆形封头的应变片布置如图 1-10 所示，椭圆形封头各测点距封头顶点的曲线距离如表 1-2 所示。

表 1-2 椭圆形封头各测点距封头顶点的曲线距离 单位：mm

序号	1	2	3	4	5	6	7	8	9	10	11	12	13	14	15	16
距离	0	50	100	140	175	205	235	255	270	290	305	320	335	355	375	415

　　球形封头的应变片布置如图 1-11 所示，球形封头各测点距封头顶点的曲线距离如表 1-3 所示。

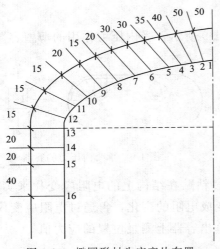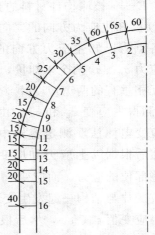

图 1-10　椭圆形封头应变片布置　　　　　图 1-11　球形封头应变片布置

表 1-3 球形封头各测点距封头顶点的曲线距离 单位：mm

序号	1	2	3	4	5	6	7	8	9	10	11	12	13	14	15	16
距离	0	60	125	185	220	250	275	295	310	330	345	360	375	395	415	455

　　锥形封头的应变片布置如图 1-12 所示，锥形封头各测点距封头顶点的曲线距离如表 1-4 所示。

表 1-4 锥形封头各测点距封头顶点的曲线距离 单位：mm

序号	1	2	3	4	5	6	7	8	9	10	11	12	13	14	15	16
距离	0	30	85	130	175	220	260	285	305	320	340	355	375	380	395	410

　　平板封头的应变片布置如图 1-13 所示，平板封头各测点距封头顶点的曲线距离如表 1-5 所示。

表 1-5 平板封头各测点距封头顶点的曲线距离 单位：mm

序号	1	2	3	4	5	6	7	8	9	10	11	12	13	14	15	16
距离	0	40	70	90	105	120	146	166	176	191	211	231	256	286	316	346

　　② 根据选择的测点位置，用砂纸打光；按筒体的经线和纬线方向用画针或铅笔画出测点的位置及方向；再用棉球、丙酮等除去污垢。

　　③ 将"502"胶液均匀分布在电阻片的背面（注意：胶液均匀涂在电阻片反面，不可太多，引出线须向上）。随即将电阻片粘贴在欲测部位，并用滤纸垫上，施加接触压

力，挤出贴合面多余胶水及气泡（注意：电阻丝方向应与测量方向一致，用手指按紧 1～2min）。

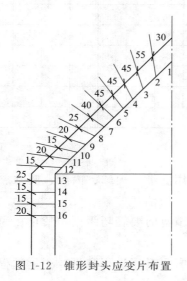

图 1-12　锥形封头应变片布置

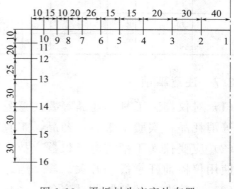

图 1-13　平板封头应变片布置

④ 在电阻片引出线下垫接线端子（用胶液粘贴），用于电阻应变片的引出线和测量导线的焊接连接（测量导线和仪器的连接以及补偿片的粘贴已由实验室准备好）。

⑤ 电阻片的粘贴步骤和方法可由指导教师讲清要点和示范粘贴后再进行，所有粘贴的电阻片和焊接接线经指导教师检查合格后，再进入应变测量仪器测量的调节步骤。

（3）了解 CM-1H-32 静态应变仪的使用方法（自动测量）。

① 打开计算机和静态应变仪（预热 15～20min），确保设备之间连接完好。检查接线情况确保接线正确。记录测点与接线位置之间的对应关系。

② 打开电脑桌面上的测量软件，完成相关参数设置并保存。

（4）实验操作过程。

① 检查加压泵润滑油是否加满，确保水箱内水位正常，将所有阀门全部关闭，启动离心水泵，打开阀门 V_2、V_3、V_5 向压力罐送水。当出水管内有液体出现时，关闭阀门 V_2、V_3，关闭离心水泵，关闭阀门 V_5。

② 在确认设备上各压力表读数均为"0"的状态下将应变仪调零，并进行一次扫描采样。

③ 若对容器 1 进行实验，打开 V_3 阀门摇动加压泵手柄对容器 1 进行加压，试验时加压顺序为：压力 p（MPa）为 0.15—0.3—0.5，加压应缓慢平稳，且待压力稳定后关闭阀门 V3 进行测量，并记录各压力等级下的应变值。

④ 保存实验数据，利用实验装置上的溢流阀给装置泄压至零点。

⑤ 改变封头，重复上述操作。

1.1.2.6　实验数据记录与整理

以椭圆形封头为例，将椭圆形封头在 0.15MPa、0.3MPa、0.5MPa 压力测得的径向应变和环向应变值填入表 1-6 中。其他封头表格相同。

表 1-6　椭圆形封头各测点应变实验数据记录　　　　　　　　单位：μm

序号		1	2	3	4	5	6	7	8	9	10	11	12	13	14	15	16
0.15MPa	ε_φ																
	ε_θ																
0.3MPa	ε_φ																
	ε_θ																
0.5MPa	ε_φ																
	ε_θ																

1.1.2.7　注意事项

（1）对仪器、工具、药品等要注意爱惜，应节约使用滤纸、棉球、丙酮、胶水、电阻片等消耗品；实验结束后，药品、工具等要加以整理和清洁。

（2）应变仪属于精密电子仪器，故在转动开关及调节盘时要轻巧缓慢，禁止在尚未熟悉使用仪器前任意拨动开关。

（3）实验准备及仪器调试完备，经指导老师检查后方可升压进行测量；测量过程中应避免设备、导线移动，以免引起接触电阻的改变。

（4）容器加、减压应缓慢进行，待压力稳定后再进行测量。

（5）各组实验结果最后须经指导老师检查并认可，整理好仪器设备，打扫现场方可离开实验现场。

1.1.3　实验报告要求

（1）简述实验目的、实验原理、实验装置及实验过程；

（2）绘制容器测点位置分布图；

（3）记录在各种载荷下的封头实测应变读数；

（4）根据测试条件进行系统误差分析修正计算；

（5）各测点的实际应力值计算，并绘制实测应力曲线；

（6）用压力容器薄膜应力理论计算各测点的理论应力值；

（7）比较薄膜应力和实测应力，并分析产生不同的原因；

（8）回答思考题。

1.1.4　思考题

（1）比较薄膜应力和实测应力分布曲线，根据所学理论解释其原因。

（2）比较不同封头的应力大小及其分布特点，找出其工程应用特点。

附：实验数据处理与分析

以椭圆形封头为例说明数据分析方法。

（1）实测应力计算

以表 1-6 椭圆形封头应力应变数据表中的第 16 组为例（$p=0.5$MPa）计算。

假设测得径向应变 $\varepsilon_\varphi = 48\mu\mathrm{m}$、环向应变 $\varepsilon_\theta = =141\mu\mathrm{m}$，已知材料不锈钢弹性模量 $E = 210000\mathrm{MPa}$，泊松比 $\mu = 0.3$，由式（1-24）计算可得：

$$\sigma_\varphi = \frac{E}{1-\mu^2}(\varepsilon_\varphi + \mu\varepsilon_\theta) = \frac{210000}{1-0.3^2}(48 + 0.3 \times 141)/1000000 = 21.1 \ (\mathrm{MPa})$$

$$\sigma_\theta = \frac{E}{1-\mu^2}(\varepsilon_\theta + \mu\varepsilon_\varphi) = \frac{210000}{1-0.3^2}(141 + 0.3 \times 48)/1000000 = 35.9 \ (\mathrm{MPa})$$

依次计算所有点的应力值，填入表 1-7 中。

表 1-7　椭圆形封头各测点应力实测数据　　　　　单位：MPa

序号		1	2	3	4	5	6	7	8	9	10	11	12	13	14	15	16
0.5MPa	σ_φ																21.1
	σ_θ																35.9

（2）绘制应力分布曲线

① 薄膜应力分布曲线　以测试压力 $p = 0.5\mathrm{MPa}$ 为例，用压力容器薄膜应力理论计算各测点的理论应力值。

已知不锈钢容器规格 $\phi 400\mathrm{mm} \times 4\mathrm{mm}$，标准椭圆形封头 $a/b = 2$，由式（1-4）计算并绘制出椭圆形封头薄膜应力曲线，如图 1-14 所示。

在顶点处：$\sigma_\theta = \sigma_\varphi = 30.8\mathrm{MPa}$

在赤道上：$\sigma_\theta = -30.8\mathrm{MPa}$，$\sigma_\varphi = 15.4\mathrm{MPa}$

② 将表 1-7 椭圆形封头实测数据表中的应力值按其位置关系画出其应力分布曲线图，如图 1-15 所示。

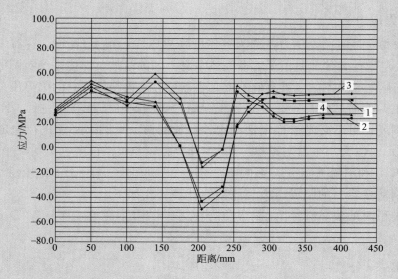

图 1-15　椭圆形封头实测应力分布曲线

1—σ_θ（$p = 540\mathrm{kPa}$）；2—σ_φ（$p = 540\mathrm{kPa}$）；3—σ_θ（$p = 616\mathrm{kPa}$）；4—σ_φ（$p = 616\mathrm{kPa}$）

（3）分析比较薄膜应力和实测应力

比较薄膜应力分布曲线和实测应力分布曲线，估算各点边缘应力大小及其分布特点。

椭圆形封头在椭圆赤道处出现较大的边缘应力，边缘应力主要影响的是径向应力，使径向应力由正变负，且衰减很快。对周向应力影响不大，不连续处径向应力大小没有超过周向应力，故对强度计算基本没有什么影响。

1.2　薄壁容器外压失稳实验

1.2.1　薄壁容器外压失稳及临界压力

1.2.1.1　失稳现象

薄壁容器在受外压作用时，往往在器壁内的应力还未达到材料的屈服极限，因刚度不足使容器失去原有形状，即被压扁或折曲成波形，这种现象称为失稳。圆筒形容器失去稳定性后，其横截面被折成波形，波数 n 可能是 1，2，3，4…任意整数，如图 1-16 所示。

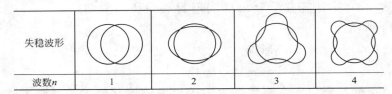

失稳波形				
波数n	1	2	3	4

图 1-16　圆筒形容器失去稳定后的形状

1.2.1.2　临界压力

容器失去稳定性时的外压力，称为容器的临界压力，用 p_{cr} 表示。容器承受临界值的外压力而失去稳定性，绝非是由于容器壳体本身不圆的缘故，即使是绝对圆的壳体也会失去稳定性。当然如壳体不圆（具有椭圆度）容器更容易失稳，即它的临界压力值会下降。

根据外压容器筒体的长短，可分为长圆筒、短圆筒和刚性圆筒三种，刚性圆筒一般具有足够的刚度，可不必考虑稳定性问题。但长圆筒、短圆筒必须进行稳定性计算，它们的临界压力 p_{cr} 值大小主要与厚壁（t）、外直径（D_o）、长度（L）有关，亦受材料弹性模量（E）和泊松比（μ）影响。

理想钢制薄壁容器的临界压力与波数的计算公式如下。

长圆筒失稳时的波数 $n=2$，临界压力 p_{cr} 仅与 t/D_o 有关，而与 L/D_o 无关。p_{cr} 值可由下式计算。

长圆筒 Bress 公式：
$$p_{cr} = 2.2E\left(\frac{t}{D_o}\right)^3 \tag{1-25}$$

短圆筒失去稳定性时，波数 $n>2$，如为 3，4，5…。其波数 n 和临界压力可由下式计算。

短圆筒 B. M. Pamm 公式：
$$p_{cr} = \frac{2.59Et^2}{LD_o\sqrt{D_o/t}} \tag{1-26}$$

$$n = \sqrt[4]{\frac{7.06}{(L/D_o)^2(t/D_o)}} \tag{1-27}$$

临界尺寸：
$$L_{cr} = 1.17D_o\sqrt{D_o/t} \tag{1-28}$$

式中　p_{cr}——临界压力，MPa；

D_o——圆筒外径，mm；

L——圆筒计算长度，mm；

t——圆筒壁厚，mm；

E——材料弹性模量，MPa；

n——失稳时波数；

L_{cr}——临界长度，mm。

当 $L > L_{cr}$ 时，为长圆筒；当 $L < L_{cr}$ 时，为短圆筒。

对于外压容器临界压力的计算，有时为计算简便起见，可借助于一些现成的计算图来进行。

1.2.2 实验指导

1.2.2.1 目的要求

（1）观察外压容器的失稳破坏现象及破坏后的形态。

（2）实测薄壁容器试件外压失稳的临界压力，验证失稳临界压力的理论计算式。

1.2.2.2 实验内容

测量圆筒形容器外压失稳时的临界压力值，与临界压力的理论计算式和图算法计算值比较，观察外压容器的失稳破坏现象的发生过程及破坏后的形态，并对实验结果进行分析和讨论。

1.2.2.3 实验设施设备

薄壁容器外压失稳实验装置如图 1-17 所示。

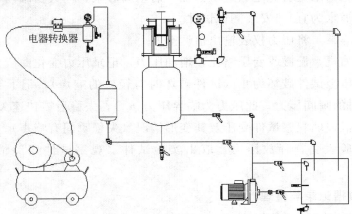

图 1-17　薄壁圆筒外压失稳实验装置

薄壁容器外压失稳实验装置基本配置见表1-8。

表 1-8　薄壁容器外压失稳实验装置基本配置

序号	名称	型号	数量
1	电器转换器	IP211-X120	1
2	温度变送器	Pt100 / 0～200℃	1
3	压力变送器	SM9320DP（0～1MPa）	1
4	压力表	Y100　0～1MPa	2
5	压力缓冲罐	不锈钢 ϕ80～120mm	1
6	离心泵	不锈钢 WB70/025	1
7	安全阀	AI-501B24V	8
8	外压罐	不锈钢 ϕ325～350mm	1
9	计算机	CPU 酷睿 1.6G，内存 1.0G，硬盘 160G，DVD 光驱，17in 液晶显示器、集成显卡	1
10	压缩机	ZBM-0.067/8	1
11	储液罐	不锈钢 ϕ150～250mm	1

1.2.2.4　实验原理

通过改变空气压缩机的压缩比给储液罐缓慢加压，使安装于储液罐上方的外压罐试件失稳，通过有机玻璃观察失稳波数，泄压后再观察试件的变化。

1.2.2.5　实验步骤

（1）开启计算机，启动计算机，打开实验软件。

（2）检查压力传感器和温度计是否正常。

（3）测量试件的有关参数：壁厚 t，直径 D_o，长度 L。用千分卡测壁厚，用游标卡尺测内直径（便于精确测量）和长度，外直径 D_o 由内直径加壁厚得到。各参数分别测量两到三次，计算时取平均值。

（4）检查水箱内水是否充足，适量添加。启动离心泵，向失稳罐内注入适量水（水加至试件放入不溢水为宜），安装测试试件。

（5）停止离心泵，将压力仪表输出值调至0。

（6）启动压缩机，慢慢改变压缩比，增加压力，记录压力变化曲线。

（7）缓慢升压至试件破坏为止（试件破坏时有轻微的响声），记下容器的失稳压力（即有轻微响声时的瞬间压力，此压力为临界压力 p_{cr}）。失稳后需快速关闭压缩机开关。

（8）通过有机玻璃观察试件受压及其变形情况（失稳瞬间有响声）。

（9）关闭实验设备，释放压力，取出实验试件（观察试件变形情况）分析实验数据。

1.2.2.6　实验数据记录与整理

（1）测量所得的试件几何尺寸数据，将其填入表1-9中。

表 1-9　**试件尺寸测量数据**　　　　　　　　　　　　单位：mm

测量次数	试件长度 L	试件外径 D_o	试件内径 D_i	筒体厚度 t
1				
2				
3				
平均值				

（2）根据压缩机压缩比变化，记录压力-时间变化区间值（表 1-10）。

表 1-10　**压缩机压缩比、压力、时间变化**

压缩比	10	20	30	40	45	50	55	60	65	70
压力最大值/MPa										
时间/s										

（3）失稳现象过程观察记录。

失稳时：

泄压后：

（4）失稳数据记录。

失稳压力 p_{cr}：_____MPa　　　　失稳波数 n：_____

1.2.2.7　注意事项

（1）注意启动离心泵时关闭出口阀。

（2）安装测试试件时注意安装螺栓要对称均匀地用扳手拧紧螺栓。

（3）安装完试件后不要再启动离心泵，防止液体倒灌入压缩机。

（4）压缩机要慢慢改变压缩比，缓慢加压。

1.2.3　实验报告要求

（1）简述实验目的和实验原理，绘制实验装置示意图，写出实验过程；

（2）观察记录失稳现象过程；

（3）绘制压力-时间变化曲线；

（4）验算波数 n 与观察值比较；

（5）计算容器的理论临界压力并与实测值进行比较；

（6）回答思考题。

1.2.4　思考题

（1）外压容器临界压力与哪些因素有关？

（2）讨论、分析实验结果，分析误差原因，说明工程上是如何处理的。

附：实验数据处理与分析

（1）按表 1-10 中的数据绘制压力-时间曲线。

（2）将表 1-9 中的数据代入式（1-27）计算波数 n，与测试数据比较，验算波数 n。

　　（3）按式（1-28）计算 L_{cr}，与实测数据 L 比较，按式（1-25）或式（1-26）计算试件的理论临界压力，并与实测失稳压力值进行比较。

1.3　厚壁容器爆破实验

1.3.1　厚壁容器爆破过程及破坏方式

1.3.1.1　爆破试验原理过程

　　对于由塑性较好的材料制成的厚壁圆筒在承受内压 p 作用情况下的膨胀曲线，如图 1-18 所示。破坏过程大致经过以下 3 个阶段。

　　内压力在相当于 A 点的压力以下时，筒体处于弹性变形阶段，相应于 A 点的压力称弹性极限压力。当压力超过 A 点时，圆筒内壁首先屈服，如继续增加内压，则塑性区就会逐渐向外扩展，直至 B 点沿整个圆筒截面屈服，即全部进入塑性状态，此时的内压力称为整体屈服

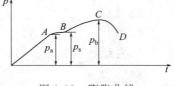

图 1-18　膨胀曲线

压力。由于钢材的应变硬化现象，圆筒在达到整体屈服后，承载能力仍会继续提高。此时筒体的膨胀变形也随之增加至 C 点，承载能力达到了极限，最后在 D 点发生爆破。在达到最大承载能力的 C 点时的内压力称为爆破压力。

　　在上述厚壁圆筒逐渐增加内压的过程中，经历了弹性变形阶段，部分屈服至整体屈服阶段，材料硬化和爆破失效阶段。不同的研究者从理论上分析了各个阶段的应力变化情况，提出了厚壁圆筒最高承载的各种理论计算公式。

　　（1）屈服压力值的理论计算

　　① 屈服压力

$$p_s = \frac{\sigma_s}{\sqrt{3}} \frac{K^2 - 1}{K^2} \tag{1-29}$$

式中　σ_s——材料的屈服极限；

　　　　K——D_o/D_i。

　　② 初始屈服压力（材料为理想弹塑性）

$$p_{so} = \frac{2}{\sqrt{3}} \sigma_s \ln K \tag{1-30}$$

　　（2）爆破压力值的理论计算

　　承受内压的高压筒体，其爆破压力计算方法有如下几种。

　　① 第一强度理论（最大主应力理论）：　$p_b = \left(\frac{K^2 - 1}{K^2 + 1} \right) \sigma_b \tag{1-31}$

② 第二强度理论（最大线应变理论）：
$$p_b = \left(\frac{K^2-1}{1.3K^2+0.4}\right)\sigma_b \tag{1-32}$$

③ 第三强度理论（最大剪应力理论）：
$$p_b = \left(\frac{K^2-1}{2K^2}\right)\sigma_b \tag{1-33}$$

④ 第四强度理论（最大变形能理论）：
$$p_b = \left(\frac{K^2-1}{\sqrt{3}K^2}\right)\sigma_b \tag{1-34}$$

⑤ 特雷斯卡公式：
$$p_b = \sigma_b \ln K \tag{1-35}$$

⑥ 米赛斯公式：
$$p_b = \frac{2\sigma_b}{\sqrt{3}}\ln K \tag{1-36}$$

⑦ 福贝尔公式：
$$p_b = \frac{2}{\sqrt{3}}\sigma_s\left(2-\frac{\sigma_s}{\sigma_b}\right)\ln K \tag{1-37}$$

⑧ 史文森公式：
$$p_b = \left[\left(\frac{0.25}{n+0.227}\right)\left(\frac{e}{n}\right)^n\right]\sigma_b \ln K \tag{1-38}$$

⑨ 中径公式：
$$p_b = 2\sigma_b \frac{K-1}{K+1} \tag{1-39}$$

式中　σ_b——材料的抗拉强度极限；

　　　p_b——爆破压力；

　　　K——D_o/D_i；

　　　n——应变硬化指数，且有 $n=0.42(1-\sigma_s/\sigma_b)$。

其中以第四强度理论、福贝尔公式、史文森公式和中径公式等所计算的爆破压力与试验数据比较接近，由于厚壁圆筒的爆破压力与其材料、结构形式、径比 K、制造质量有关，因此工程上常通过爆破实验将理论公式所求得的爆破压力与实测值比较，以判断容器制造的质量和设计的安全裕度。

1.3.1.2　破坏方式及断口分析

试件爆破后，根据破口的形状，有无碎片，爆破源处金属的变形及爆破断口的宏观分析等诸方面来定性地分析构件材料的断裂特征。

对于准静态一次性加压爆破的容器而言，可能发生的破裂形式为韧性破裂或脆性破裂。对于压力容器用钢一般要求塑性和韧性均比较好。若构件材料有较好的韧性，不存在宏观冶金缺陷或裂纹，无热处理不当；且使用（实验）温度不低于材料的冷脆转变温度，则构件的破裂形式应为韧性破裂。前述的计算 p_s、p_b 的公式即是针对此种情况的。但是若构件材料有一定的缺陷，韧性较差，同时存在其他不利因素，例如应力集中、残余应力、环境温度过低等，则可能发生脆性破裂。

韧性破裂和脆性破裂鉴别方式可以破口和断口的宏观特征来判断。

（1）破口的宏观特征

图 1-19 和图 1-20 为容器韧性破裂和脆性破裂的图示。

（2）断口宏观特征

构件断口的宏观分析主要解决主断面的情况，如变形程度、断面形貌、断裂源的分析等。

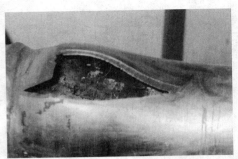

图 1-19　韧性破裂

图 1-20　脆性破裂

金属的拉伸断口，一般都是由三个区组成，即纤维区、放射区和剪切唇，称为断口三要素。

纤维区紧接断裂源，是断裂的发源地。矩形截面试样或板材断裂的纤维区域呈椭圆形。在此区裂纹的形成和扩展是比较缓慢的。纤维区的表面呈现粗糙的纤维状；颜色常为暗灰色。它所在的宏观平面（即裂纹扩展的宏观平面）垂直于拉伸应力方向。

韧性破裂和脆性破裂破口的宏观特征见表 1-11。

表 1-11　韧性破裂和脆性破裂破口的宏观特征

项　目	韧　性　破　裂	脆性破裂
破口形状	一般无碎片，仅有裂口。圆筒形容器主裂口沿筒体轴向	有碎片
塑性变形	比较大	几乎无
名义应力水平 p_b	与常规强度计算值接近	较低

放射区紧接着纤维区。它是裂纹达到临界尺寸后高速断裂的区域，放射区存在人字形放射花纹，它是脆性断裂最主要的宏观特征之一。人字形花纹的尖顶必然指向纤维区，指向断裂源。

剪切唇是最后断裂的区域，靠近表面。在此区域中，裂纹扩展也是快速的。但它是一种剪切断裂。剪切唇表面光滑。无闪耀的金晨光泽，与拉伸主应力方向成 45°角。

根据断口三区的相对比例可判断构件材料的断裂特征，此比例主要由材料的性质、板厚以及温度决定。材料越脆，板厚较大，温度越低，则纤维区、剪切唇越小，放射区越大。反之材料塑性韧性越好，板厚越小，温度越高，则纤维区剪切唇越大，放射区越小。甚至出现全剪切唇断口。

1.3.2　实验指导

1.3.2.1　目的要求

（1）测定厚壁圆筒的 p-t 曲线，屈服压力和爆破压力，并与理论值比较。

（2）观察容器的破坏形式和断口形貌。

（3）了解高压爆破试验的基本方法。

1.3.2.2　实验内容

对试件进行爆破，测定屈服压力、爆破压力和体积膨胀率，绘制压力-加油量曲线，观察爆破断口进行宏观分析。

1.3.2.3　实验设施设备

实验装置如图 1-21 所示，由柱塞泵、电动机、溢流和控制组合阀、压力传感器和实验容器组成。本仪器中的液体介质油的吸入、压缩与排出是通过活塞腔容积的周期性变化而实现的。电机接入电源后进入正常运转，通过减速器带动偏心轮传至十字头滑块，活塞柱通过滑块与导向杆相连（导向杆在导向套内）做往复运动，当缸内处于低压状态时吸入介质油，活塞杆压缩时，泵内高压流体经过止回阀向爆破试件中输送，使爆破试件中内压不断升高。阀向爆破试件中输送，使爆破试件中内压不断升高。液压系中的溢流阀的压力已调定为 60MPa，当压力高于此值时，溢流阀开启以保证安全。一般情况下不要随意调节溢流阀。

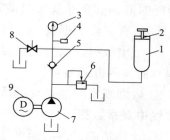

图 1-21　压力容器模拟爆破实验装置
1—试件；2—放气孔；3—压力表；
4—压力传感器；5—单向阀；6—溢流阀；
7—柱塞泵；8—加压阀；9—电动机

（1）试件采用 $\phi 35mm \times 1.5mm$，$20^{\#}$ 无缝钢管制成，其相关物理参数为：$\sigma_s = 2500 kgf/cm^2$，$\sigma_b = 4000 kgf/cm^2$，$E = 1.96 \times 10^2 kgf/cm^2$（$1 kgf/cm^2 = 98 kPa$）。

（2）仪表：包括游标卡尺、钢皮尺和超声波测厚仪等。

1.3.2.4　实验原理

整个实验过程是由压力源向容器内注入压力介质直至容器爆破。压力介质可为气体或液体两种。由于气压爆破所释放的能量比液压爆破所释放的能量大得多，相对而言气压爆破比较危险，因此一般都采用液压爆破，但即使用液压爆破，仍有一定的危险性，需要安全防护措施，以保证人员及设备的安全。

在爆破实验过程中，随着容器内压力的增高，容器经历弹性变形阶段，进而出现局部屈服、整体屈服、材料硬化、容器过度变形直至爆破失效。为了表征容器爆破实验过程中各阶段的变化规律，可用压力-加油量、压力-升压时间、压力-筒体直径变化量等曲线进行描述，这些参数可借助于压力表、油量计等在实验中测得。

图 1-22 即为钢质无缝气瓶爆破实验中测定的压力-升压时间曲线，根据这些曲线所提供的信息即可分析构件材料的力学性能，并确定该容器的整体屈服压力。

整体屈服压力 p_s 的测定：

① 进油量不断增加而压力表指针基本上停滞不动时所对应的压力；

② 在压力-加油量等曲线上对应于整体屈服的平台阶段所对应的压力。

爆破压力 p_b 的测定：容器爆破的瞬间容器内的压力。

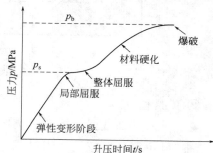

图 1-22　钢质无缝气瓶爆破实验
压力-升压时间曲线

1.3.2.5　实验数据采集系统软件操作

（1）系统主要功能

① 系统可以采集实验时的压力值，记录、保存、打印和分析实验数据，还可以将压力随时间的变化曲线实时动态显示出来。

② 所有采样数据按一定格式文件存盘，并能将实验的文本和曲线图打印实验结果。

③ 历史数据回放功能：可以调用历史数据文件，自动生成相应参数数据，以参数文本和曲线图方式显示。

④ 数据观察功能：可以从数据表格中观察实验数据，也可在绘图区通过鼠标右键从曲线中观察数据。

⑤ 计算功能：该功能可计算爆破压力和屈服压力。

⑥ 曲线放大浏览功能：该功能可对曲线图进行窗口缩放，对要观察的区域进行放大，进一步观察曲线。

（2）系统环境介绍

① 系统操作界面　系统操作界面如图 1-23 所示。操作界面包括 标题栏、菜单栏、工具栏、绘图区、曲线坐标显示区、实验数据显示区和状态栏等。

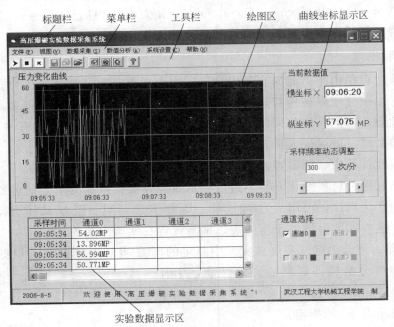

图 1-23　系统操作界面

② 工具栏

"导入外部数据"按钮，调用历史数据文件，实现历史数据的回放功能。

"显示窗口"按钮，用鼠标左键在绘图区拖出一块矩形区域，释放鼠标的同时将放大所选择的区域，可以连续操作即连续放大（如图 1-24 和图 1-25 所示）。

"显示回溯"按钮，当进行"显示窗口"操作后可以用回溯功能一步一步地返回缩放的前一个视图直到回到缩放前的状态，也可回溯到用户所需要的视图状态。

⊡"显示全部"按钮,可以在"显示窗口"和"显示回溯"操作中直接回到缩放前的视图。

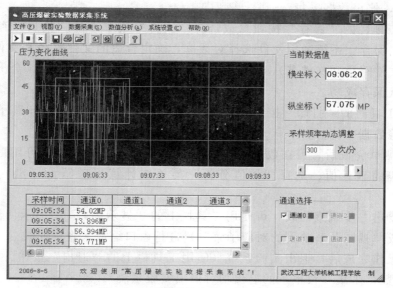

图 1-24 用鼠标拖出的一块矩形区域

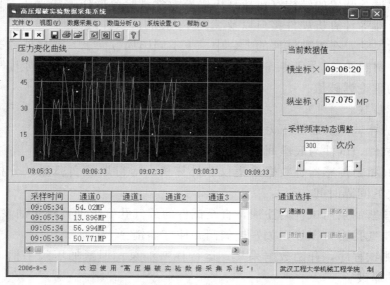

图 1-25 释放鼠标后曲线放大

③ 系统操作流程

a. 测试前的准备工作,包括设备的安装、传感器的连接、调试等。

b. 运行本数据采集系统程序,选择"系统设置"菜单进行系统参数设置(也可使用系统的初始参数设置)。

c. 检查设备的连接,正确后开始进行爆破实验。

d. 点击工具栏的"开始"按钮(或选择"数据采集"菜单下的"开始"子菜单),

开始数据采集。

e. 实验结束后，点击工具栏的"停止"按钮（或选择"数据采集"菜单下的"停止"子菜单），停止数据采集。

f. 点击工具栏的"保存"按钮（或选择"文件"菜单下的"数据保存"子菜单），进行实验数据保存。系统弹出文件选择对话框，确定合适的文件路径和文件名后（建议使用默认的文件路径和文件名），按确认保存文件；文件保存成功后，会出现保存成功信息框，确认保存成功。

g. 点击工具栏的"打印"按钮（或选择"文件"菜单下的"打印"子菜单）打印曲线图和实验数据。

h. 数据测试完成后，可在数据表格中查看实验采集的数据，也可用鼠标右键在绘图区观察曲线的坐标值；选择"数值分析"菜单来计算爆破压力（p_b）和屈服压力（p_s）。

i. 如果要进一步观察曲线，可使用工具栏上的"显示窗口""显示回溯""显示全部"按钮（或"视图"菜单下的对应子菜单）进行窗口缩放来观察曲线。

j. 实验操作完成后，退出实验系统（使用工具栏上的"退出"按钮、"文件"菜单下的退出，"数据采集"菜单下的退出均可退出实验系统）。

1.3.2.6　实验步骤

（1）了解试验装置的结构（包括高压爆破教学试验台操作方法、压力传感器、数据采集卡、转换器等计算机硬件接口以及 ADCRAS 测试软件的位置和功能）。

（2）测量尺寸：在爆破试件的上、中、下不同圆周方向上，测量外径三次；内径为已知值（试件材料为 20 号无缝钢管加工而成，$\delta = 2.5$mm，根据不同的理论公式计算可得到不同的理论爆破值）。

（3）操作步骤。

① 初步估算试件的屈服压力和爆破压力。

② 装上试件，试件与底座间的密封片必须是铜或铅质材料的。

③ 连接好压力传感器、数据采集仪和计算机，运行爆破实验测试分析程序，调整好数据采集仪的间隔时间。

④ 运行柱塞油泵向试件内注油，直至试件的放气孔冒出油，停止油泵。

⑤ 旋上放气孔密封螺栓，关好玻璃门并插好插销。

⑥ 操作测试程序，开始数据采集；运行柱塞油泵，握紧加压阀手柄，均匀地缓慢加压直至试件爆破。

⑦ 操作测试程序，停止数据采集，保存测试数据，并观察、分析测试曲线；拆下爆破试件，并仔细观察其破坏情况及断口形貌。

⑧ 清理实验现场，结束实验。

1.3.2.7　实验数据记录与整理

（1）测量试件原始尺寸，包括外径、壁厚。

（2）查阅其材料品种及力学性能。

（3）记录试件爆破过程中的整体屈服压力和爆破压力值。

　　(4) 查看断口形貌及位置并记录。

1.3.2.8　注意事项

　　(1) 必须提供试件的力学性能，初步估算试件的屈服压力和爆破压力。

　　(2) 必须分级加载，缓慢升压，每级稳压 $1\sim2\text{min}$，并准确记录压力、时间。

　　(3) 容器爆破后注意保护好断口，以利于分析。

　　(4) 正确绘制 p-t 曲线，计算体积膨胀率，注意破裂位置形状和断口形貌。

　　(5) 爆破实验有一定的危险性，爆破现场一定要有安全保护措施。

1.3.3　实验报告要求

　　(1) 简述实验目的、实验原理、实验装置及实验过程。

　　(2) 记录试件爆破过程及断口形貌，根据断口形貌，进行分析评定。

　　(3) 根据实验数据，绘制 p-t 曲线，确定屈服压力和爆破压力。

　　(4) 按照不同理论计算公式计算出试件的屈服压力和爆破压力，并与实测值比较讨论。

　　(5) 回答思考题。

1.3.4　思考题

　　(1) 韧性爆破与脆性爆破有何区别？

　　(2) 压力容器韧性爆破的断口可分为哪几个区？

　　(3) 为什么要求塑性压力容器有一定的体积膨胀率？

附：实验数据处理与分析

　　(1) 根据断口形貌，进行分析评定。

　　(2) 根据实验数据，绘制 p-t 曲线，确定屈服压力和爆破压力。

　　(3) 按照不同理论计算公式计算出试件的屈服压力和爆破压力，并与实测值比较讨论。

1.4　安全阀泄放性能测定实验

1.4.1　安全阀基础知识

1.4.1.1　安全阀的作用

　　安全阀是为了防止压力设备和容器或易引起压力升高或容器内部压力超过限度而发生爆裂的安全装置。安全阀是压力容器、锅炉、压力管道等压力系统使用广泛的一种安全装置，保证压力系统安全运行。当容器压力超过设计规定时，安全阀自动开启，排出气体降低器内的过高压，防止容器或管线破坏。而当容器内的压力降至正常操作压力时，即自动关闭避免因容器超压排出全部气体，从而造成浪费和生产中断。

1.4.1.2　安全阀的基本结构

安全阀结构主要有弹簧式和杠杆式两大类。弹簧式是指阀瓣与阀座的密封靠弹簧的作用力，杠杆式是靠杠杆和重锤的作用力。

安全阀主要由密封结构（阀座和阀瓣）和加载机构（弹簧或重锤、导阀）组成，本实验设备是弹簧式安全阀，其基本结构如图 1-26 所示。该安全阀是一种由进口侧流体介质推动阀瓣开启，泄压后自动关闭的特种阀门，属于重闭式泄压装置。阀座和座体可以是一个整体，也有组装在一起的，与容器连通；阀瓣通常连带有阀杆，紧扣在阀座上；阀瓣上加载机构的大小可以根据压力容器的规定工作压力来调节。

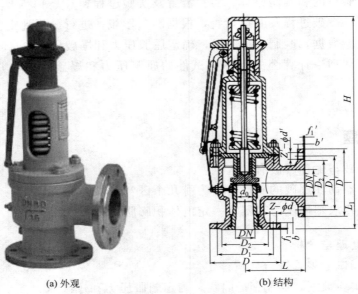

(a) 外观　　　　　　　(b) 结构

图 1-26　安全阀的基本结构

1.4.1.3　安全阀的工作原理

安全阀的工作过程大致可分为四个阶段，即正常工作阶段、临界开启阶段、连续排放阶段和回座阶段，如图 1-27 所示。

① 正常工作阶段　容器内介质作用于阀瓣上的压力小于加载机构施加在它上面的力，两者之差构成阀瓣与阀座之间的密封力，使阀瓣紧压着阀座，容器内的气体无法通过安全阀排出。

② 临界开启阶段　压力容器内的压力超出了正常工作范围，并达到安全阀的开启压力，预调好的加载机构施加在阀瓣上的力小于内压作用于阀瓣上的压力，于是介质开始穿透阀瓣与阀座密封面，

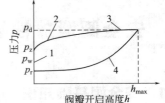

图 1-27　安全阀工作过程曲线
1—正常工作阶段；2—临界开启阶段；
3—连续排放阶段；4—回座阶段
p_z—开启压力；p_d—排放压力；p_r—回座压力；
p_w—容器最大工作压力；$p_d - p_z$—最大开启压差

密封面形成微小的间隙，进而局部产生泄漏，并由断续地泄漏而逐步形成连续的泄漏。

③ 连续排放阶段　随着介质压力的进一步提高，阀瓣即脱离阀座向上升起，继而排放。

④ 回座阶段　如果容器的安全泄放量小于安全阀的排量，容器内压力逐渐下降，很快降回到正常工作压力，此时介质作用于阀瓣上的力又小于加载机构施加在它上面的力，阀瓣又压紧阀座，气体停止排出，容器保持正常的工作压力继续工作。

安全阀通过作用在阀瓣上的两个力的不平衡作用，使其启闭，以达到自动控制压力容器超压的目的。要达到防止压力容器超压的目的，安全阀的排气量不得小于压力容器的安全泄放量。

1.4.2 　实验指导

1.4.2.1 　目的要求

（1）测定安全阀在运行条件下的排放压力，绘制安全阀开启前后的压力变化曲线。

（2）测定安全阀在额定排放压力下的排量，绘制安全阀的排量曲线。

（3）比较两种不同类型安全阀的排放特性。

1.4.2.2 　实验内容

测量安全阀的排放压力，并测量安全阀排放时的基点压力、基点温度、孔板流量计进口静压力、孔板流量计进口流体温度、孔板流量计差压力。计算安全阀在基准温度下的排量。

1.4.2.3 　实验设施设备

安全阀泄放性能测定实验装置如图 1-28 所示。实验装置基本配置见表 1-12。

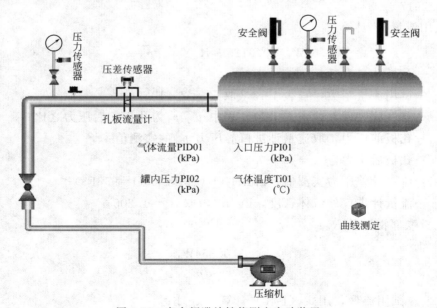

图 1-28 　安全阀泄放性能测定实验装置

表 1-12　实验装置基本配置

序号	设备名称	规格型号	数量
1	空气压缩机	$p=0.8\text{MPa}$，$Q=0.15\text{m}^3/\text{min}$	1
2	调节阀门	$DN40\text{mm}$　$PN1.6\text{MPa}$	1
3	温度变送器	$0\sim100℃$	1
4	压力变送器	$0\sim1.6\text{MPa}$	1
5	差压变送器	$0\sim100\text{kPa}$	1
6	压力表	Y150　1.6MPa	2
7	孔板流量计	不锈钢定制	1
8	试验容器	$\phi300\text{mm}$，$p=1.0\text{MPa}$	1
9	安全阀试件	订制	2
10	计算机	CPU G2020，内存 2.0G，硬盘 500G DVD 光驱，19in 液晶显示器	1

1.4.2.4　实验原理

安全阀的排放量决定于阀座的口径与阀瓣的开启高度，可分为两种：微启式和全启式。微启式开启高度是阀座内径的 $1/20\sim1/40$，全启式是 $1/3\sim1/4$。

（1）安全阀排放压力的测量

安全阀的排放压力是安全阀整定压力与超过压力之和，即当安全阀排放时，安全阀的进口压力，在实验时通过测量基点压力 p_B（绝压）得到。

（2）安全阀排量 q_r 的计算（在基准温度 $t=20℃$ 下）

① 孔板流量计参数　孔板接管内径 $D=41\text{mm}$，孔板孔口直径 $d_0=10.32\text{mm}$，$\beta=d/D=0.2517$。

② 试用流量 W_t 计算

$$W_t=0.0125d^2K_0Y\sqrt{h_w\rho_m} \tag{1-40}$$

式中　d——孔板孔口直径，mm；

$\quad K_0$——试用流量系数，查表 1-13（取 $R_d=2\times10^4$）；

$\quad Y$——空气膨胀系数，查表 1-14，表中 p_2/p_1 为孔板前后压力之比；

$\quad p_1$——孔板前压力，取流量计进口静压力 p_m 的实测值；

$\quad p_2$——孔板后压力，$p_2=p_1-h_w$；

$\quad h_w$——流量计差压力实测值，mmH_2O（$1\text{mm H}_2\text{O}=9.8\text{Pa}$）；

$\quad \rho_m$——流量计进口处流体密度，kg/m^3，取 $\rho_m=1.205$。

③ 孔板喉部雷诺数 R_d：

$$R_d=\frac{0.354W_t}{d\mu} \tag{1-41}$$

式中　W_t——试用流量，用式（1-40）计算，kg/h；

$\quad d$——孔板孔口直径，$d=10.32\text{mm}$；

$\quad \mu$——空气黏度，$\mu=18.1\times10^{-3}\text{Pa}\cdot\text{s}$。

④ 测量排量 W_h（kg/h）

$$W_h = W_t \frac{K}{K_0} \tag{1-42}$$

式中 W_t——试用流量，kg/h；

K——流量系数，利用式（1-41）计算的 R_d 值查表 1-13；

K_0——试用流量系数。

⑤ 在基点状况下的空气密度 ρ_B（kg/m³）

$$\rho_B = \rho_S p_B / 1.101325 \tag{1-43}$$

式中 ρ_S——在标准大气压下和基点温度下干燥空气密度，kg/m³，查表 1-15；

p_B——基点压力（绝压）实测值，MPa。

⑥ 在基点状况下流量计处的容积流量 q_b（m³/min）

$$q_b = \frac{W_h}{60 \rho_B} \tag{1-44}$$

式中 W_h——测量排量，kg/h；

ρ_B——在基点状况下的空气密度，kg/m³，利用式（1-43）计算。

⑦ 安全阀进口温度校正系数 C

$$C = \sqrt{T_V / T_r} \tag{1-45}$$

式中 T_V——安全阀进口热力学温度（基点温度）实测值，K；

T_r——安全阀进口基准热力学温度，K，$T_r = 293K$。

⑧ 在基准进口温度下被测安全阀的排量 q_r（m³/min）

$$q_r = q_b C \tag{1-46}$$

式中 C——安全阀进口温度校正系数。

表 1-13　角接取压标准孔板的流量系数 K_0

R_d	5×10^3	10^4	2×10^4	3×10^4	5×10^4	10^5	10^6	10^7
K_0（$\beta^4 = 0.004$）	0.6045	0.6022	0.6007	0.6001	0.5995	0.5997	0.5986	0.5986

表 1-14　角接取压标准孔板的空气膨胀系数 Y

	p_2/p_1	1.0	0.98	0.96	0.94	0.92	0.90	0.85	0.80	0.75
Y	$\beta^4 = 0.00$	1.000	0.9930	0.9866	0.9803	0.9742	0.9681	0.9531	0.9381	0.9232
	$\beta^4 = 0.10$	1.000	0.9924	0.9854	0.9787	0.9720	0.9654	0.9491	0.9328	0.9166

注：$x = 1.4$，空气的等熵指数。

表 1-15　标准大气压下空气的密度

温度/℃	0	10	20	30	40	50	60	70
密度/（kg/m³）	1.293	1.247	1.205	1.165	1.128	1.093	1.060	1.029

1.4.2.5　实验操作步骤

（1）打开实验软件，确认实验数据与计算机通信成功。

（2）打开压缩机，调节稳压阀使压缩机出口压力稳定在 0.4MPa。

（3）打开需测定安全阀下方的手动阀，使安全阀与稳压罐相同。

（4）调节空气进口阀，使缓冲罐内缓慢上升，同时记录实验曲线。

（5）关闭压缩机。

1.4.2.6　实验数据记录与整理

① 基点压力（安全阀进口压力）$p_B =$ _____ MPa；

② 基点温度（安全阀进口温度）$T_B =$ _____ ℃；

③ 流量计进口静压力 $p_m =$ _____ MPa；

④ 流量计进口流体温度 $T_m =$ _____ ℃；

⑤ 流量计差压力 $h_w =$ _____ kPa。

1.4.2.7　注意事项

（1）建议测量微启式安全阀时流量由小到大，从而测得不同开启压力下的排量。测量全启式安全阀时将流量控制在较小值，可以清楚观察到安全阀的开启压力和回座压力。

（2）由于安全阀用于实验，故拆去安全阀铅封使安全阀开启压力可调节，不要将开启压力调节过大，以免发生危险。

1.4.3　实验报告要求

（1）简述实验目的、实验原理及实验装置；

（2）整理实验数据并计算在基准进口温度下被测安全阀的排量；

（3）回答思考题。

1.4.4　思考题

（1）安全阀泄放量有关因素有哪些？

（2）如何选用安全阀？

附：实验数据处理与分析

（1）试用流量 W_t；

（2）孔板喉部雷诺数 R_d；

（3）测量排量 W_h；

（4）在基点状况下的空气密度；

（5）在基点状况下流量计处的容积流量 q_b；

（6）安全阀进口温度校正系数 C；

（7）在基准进口温度下被测安全阀的排量 q_r。

过程流体机械实验

2.1 离心泵性能测定

2.1.1 离心泵基础知识

泵是输送液体或使液体增压的机械。它将原动机的机械能或其他外部能量传送给液体，使液体能量增加。泵主要用来输送水、油、酸碱液、乳化液、悬乳液和液态金属等液体，也可输送液、气混合物及含悬浮固体物的液体。泵通常可按工作原理分为叶轮式泵、容积式泵和其他类型泵等。叶轮式泵是靠叶轮带动液体高速回转而把机械能传递给所输送的液体，根据泵的叶轮和流道结构特点的不同，叶轮式泵又可分为离心泵、轴流泵、混流泵和旋涡泵等。容积式泵靠工作部件的运动造成工作容积周期性地增大和缩小而吸排液体，并靠工作部件的挤压而直接使液体的压力能增加，根据运动部件运动方式的不同分为往复泵（齿轮泵、螺杆泵、叶片泵和水环泵）和回转泵两类（如活塞泵和柱塞泵）。

2.1.1.1 离心泵的基本结构和工作原理

（1）基本结构

离心泵的基本部件是由高速旋转的叶轮和固定的泵壳组成（见图2-1）。叶轮是离心泵的主要零部件，是对液体做功的主要元件；泵壳也称泵体，是离心泵的主体，起到支撑固定作用，并与安装轴承的托架相连接；泵轴的作用是借联轴器和电动机相连接，将电动机的转矩传给叶轮，所以它是传递机械能的主要部件。

（2）工作原理

离心泵在工作时，依靠高速旋转的叶轮，液体在惯性离心力作用下获得了能量以提高压强。离心泵在工作前，泵体和进口管线必须灌满液体介质，防止汽蚀现象发生。当叶轮快速转动时，叶片促使介质很快旋转，旋转着的介质在离心力的作用下从叶轮中飞出，泵内的水被抛出后，叶轮的中心部分形成真空区域。一面不断地吸入液体，一面又不断地给予吸入的液体一定的能量，将液体排出。离心泵便如此连续不断地工作（工作原理见图2-2）。

2.1.1.2 离心泵的性能参数

（1）流量

离心泵的流量是指单位时间内由泵所输送的流体体积，即指的是体积流量，单位为 m^3/s 或 m^3/h。离心泵的流量与泵的结构、尺寸和转速有关。

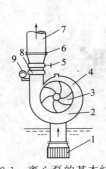

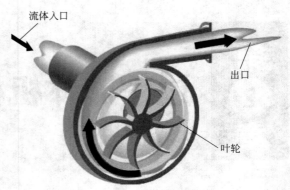

图 2-1　离心泵的基本结构

1—底阀；2—压入室；3—叶轮；4—泵壳；
5—闸阀；6—接头；7—压出管；8—止回阀；9—压力表

图 2-2　离心泵的工作原理

（2）压头（扬程）

离心泵的压头是指单位重量的流体通过泵之后所获得的有效能量，也就是泵所输送的单位重量流体从泵进口到出口的能量增值。一般用 H 表示，单位为 mH_2O 或 J/N。

由于泵进出口截面上的动能差和高度差别均不大，液体密度为常数，所以扬程主要体现为液体压力的提高。

（3）轴功率 N（W）

通常指输入功率，即由原动机传到泵轴上的功率，也称为轴功率，单位为 W 或 kW。

$$N = N_电 \eta_电 \tag{2-1}$$

式中　$N_电$——泵的轴功率，W 或 kW；

　　　$\eta_电$——电机效率。

（4）效率 η

泵的输出功率又称为有效功率 N_e，表示单位时间内流体从泵中所得到的实际能量，它等于重量流量与扬程的乘积。

泵的效率 η 是泵的有效功率与轴功率的比值，反映泵的水力损失、容积损失和机械损失的大小。

$$N_e = HQ\rho g \tag{2-2}$$

计算可得：

$$\eta = \frac{HQ\rho g}{N} \times 100\% \tag{2-3}$$

（5）转速 n

泵的叶轮每分钟的转数，单位是 r/min。

2.1.1.3　离心泵的特性曲线

离心泵压头 H、轴功率 N 及效率 η 均随流量 Q 而变，它们之间的关系可用泵的特性曲线或离心泵工作性能曲线表示。本实验是用实验方法测出某离心泵在一定转速下的 Q、H、n、N，并做出 H-Q、n-Q、N-Q 曲线，称为该离心泵的特性曲线。

各种型号的离心泵都有其本身独有的特性曲线，且不受管路特性的影响。

2.1.2 实验指导

2.1.2.1 目的要求

（1）熟悉离心泵的构造与性能，掌握离心泵的操作方法；

（2）测量并绘制离心泵在一定转速下的特性曲线；

（3）学习工业上流量、功率、转速、压力和温度等参数的测量方法。

2.1.2.2 实验内容

在离心泵恒速运转时，由大到小（或由小到大）调节离心泵出口阀，依次改变泵流量，测量各工况下离心泵的进出口压力、流量、转速、转矩等参数，分别计算离心泵的扬程、功率和效率并绘制离心泵的性能曲线。

2.1.2.3 实验设施设备

本实验装置示意如图 2-3 所示，实验设备主要技术参数见表 2-1。

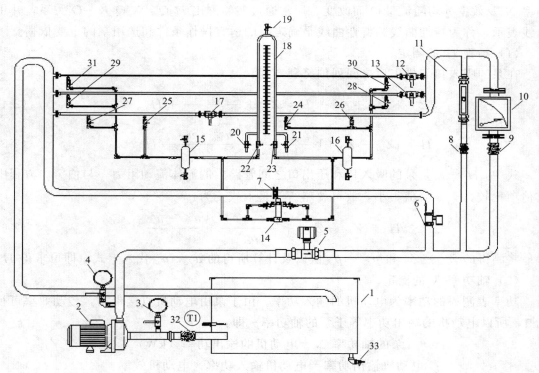

图 2-3　流动过程综合实验流程示意图

1—水箱；2—水泵；3—入口真空表；4—出口压力表；5—涡流流量计；6，8，9，12，13，17—阀门；7—孔板流量计；10—浮子流量计；11—转子流量计；14—压力传感器；15，16—缓冲罐；18—倒 U 形管；19—倒 U 形管放空阀；20，21—倒 U 形管排水阀；22，23—倒 U 形管平衡阀；24，25—测局部阻力近端阀；26，27—测局部阻力远端阀；28，29—粗糙管测压阀；30，31—光滑管测压阀；32—离心泵入口阀门；33—水箱排水阀

表 2-1　实验设备主要技术参数

序号	名称	规格				材料
1	玻璃转子流量计	LZB-25	100～1000L/h	VA10-15F	10～100L/h	玻璃

序号	名称	规格	材料
2	压差传感器	型号 LXWY 测量范围 0～200kPa	不锈钢
3	离心泵	型号 WB70/055	不锈钢
4	节流式流量计	喉径 0.020m	不锈钢
5	实验管路	管径 0.040m	不锈钢
6	真空表	测量范围－0.1～0MPa 精度 1.5 级，真空表测压位置管内径 $d_1=0.040m$	不锈钢
7	压力表	测量范围 0～0.25MPa 精度 1.5 级，压强表测压位置管内径 $d_2=0.040m$	不锈钢
8	涡轮流量计	型号 LWY-40 测量范围 0～20m³/h	
9	变频器	型号 E310-401-H3 规格：0-50Hz	

2.1.2.4 实验原理

离心泵是最常见的液体输送设备。在一定的型号和转速下，离心泵的扬程 H、轴功率 N 及效率 η 均随流量 Q 而改变。通常通过实验测出 H-Q、N-Q 及 η-Q 关系，并用曲线表示，称为特性曲线。特性曲线是确定泵的适宜操作条件和选用泵的重要依据。

（1）扬程 H 的测定

在泵的吸入口和排出口之间列伯努利方程：

$$Z_入 + \frac{p_入}{\rho g} + \frac{u_入^2}{2g} + H = Z_出 + \frac{p_出}{\rho g} + \frac{u_出^2}{2g} + H_{f入-出} \tag{2-4}$$

$$H = (Z_出 - Z_入) + \frac{p_出 - p_入}{\rho g} + \frac{u_出^2 - u_入^2}{2g} + H_{f入-出} \tag{2-5}$$

式中，$H_{f入-出}$ 是泵的吸入口和压出口之间管路内的流体流动阻力，与伯努力方程中其他项比较，$H_{f入-出}$ 值很小，故可忽略。于是上式变为：

$$H = (Z_出 - Z_入) + \frac{p_出 - p_入}{\rho g} + \frac{u_出^2 - u_入^2}{2g} \tag{2-6}$$

将测得的 $Z_出 - Z_入$ 和 $p_出 - p_入$ 值以及计算所得的 $u_入$，$u_出$ 代入上式，即可求得 H。

（2）轴功率 N 的测定

功率表测得的功率为电动机的输入功率。由于泵由电动机直接带动，传动效率可视为 1，所以电动机的输出功率等于泵的轴功率。即：

泵的轴功率 N＝电动机的输出功率（kW）

电动机输出功率＝电动机输入功率×电动机效率

泵的轴功率＝功率表读数（kW）×电动机效率

（3）效率 η 的测定

$$\eta = \frac{N_e}{N} \times 100\% \tag{2-7}$$

$$N_e = \frac{HQ\rho g}{1000} = \frac{HQ\rho}{102} \tag{2-8}$$

式中　η——泵的效率；

　　　N——泵的轴功率，kW；

N_e——泵的有效功率，kW；

H　——泵的扬程，m；

Q　——泵的流量，m^3/s；

ρ——水的密度，kg/m^3。

（4）离心泵特性曲线的测定

泵的特性曲线是在定转速下的实验测定所得。但是，实际上感应电动机在转矩改变时，其转速会有变化，这样随着流量 Q 的变化，多个实验点的转速 n 将有所差异，因此在绘制特性曲线之前，须将实测数据换算为某一定转速 n' 下（可取离心泵的额定转速）的数据。换算关系如下：

流量
$$Q' = Q\frac{n'}{n} \tag{2-9}$$

扬程
$$H' = H\left(\frac{n'}{n}\right)^2 \tag{2-10}$$

轴功率
$$N' = N\left(\frac{n'}{n}\right)^3 \tag{2-11}$$

效率
$$\eta' = \frac{Q'H'\rho g}{N'} = \frac{QH\rho g}{N} = \eta \tag{2-12}$$

2.1.2.5　实验步骤

（1）向储水槽内注入蒸馏水（图 2-3）。检查流量调节阀门 6（轻按设置键 ⟳，仪表下端会出现 A100，此时为自动操作状态，按仪表数据位移键 ◁ 仪表下端会出现 M100，此时已将自动操作改为手动操作，数据加减键 ▽、△ 加减到所需的阀门开度，M100 为阀门最大开度，M0 表示阀门已关闭），压力表 4 的开关及真空表 3 的开关是否关闭（应关闭）。

（2）启动离心泵，缓慢打开调节阀门 6 至全开。待系统内流体稳定，即系统内已没有气体，打开压力表和真空表的开关，方可测取数据。

（3）用阀门 6 调节流量从流量为零至最大或流量从最大到零，测取 10～15 组数据，同时记录涡轮流量计流量、文丘里流量计的压差、泵入口压力、泵出口压力、功率表读数，并记录水温。

（4）实验结束后，关闭流量调节阀，停泵，切断电源。

2.1.2.6　实验数据记录与整理

列出测量所得的数据：流量、泵进口压力、泵出口压力、转速、电机功率，如表 2-2 所示。

表 2-2　离心泵性能测定数据记录

电机效率＝　　　％　实验管路直径 d＝　　　mm，离心泵进出口测压点距离＝　　　mm
液体温度　　　℃　液体密度 ρ＝　　　kg/m^3

序号	涡轮流量计 /(m³/h)	入口压力 p_1 /MPa	出口压力 p_2 /MPa	电机功率 /kW	流量 Q /(m³/h)	压头 H /m	泵轴功率 N /W	η /%
1								

续表

序号	涡轮流量计 /(m³/h)	入口压力 p_1 /MPa	出口压力 p_2 /MPa	电机功率 /kW	流量 Q /(m³/h)	压头 H /m	泵轴功率 N /W	η /%
2								
3								
4								
5								
6								
7								
8								
9								
10								

2.1.2.7　注意事项

（1）一般每次实验前，均需对泵进行灌泵操作，以防止离心泵气缚。同时注意定期对泵进行保养，防止叶轮被固体颗粒损坏。

（2）泵运转过程中，勿碰触泵主轴部分，因其高速转动，可能会缠绕并伤害身体接触部位。

（3）不要在出口阀关闭状态下长时间使泵运转，一般不超过 3min，否则泵中液体循环温度升高，易生气泡，使泵抽空。

2.1.3　实验报告要求

（1）简述实验目的、实验原理、实验装置及实验步骤。

（2）列出测量所得的数据：流量、泵进口压力、泵出口压力、转速、电机功率。

（3）计算扬程 H、轴功率 N 及效率 η。

（4）绘制 H-Q、n-Q、N-Q 曲线。

（5）分析实验结果，判断泵最佳工作范围。

（6）回答思考题。

2.1.4　思考题

（1）离心泵性能曲线有何作用？

（2）试从所测实验数据分析，离心泵在启动时为什么要关闭出口阀门？

（3）正常工作的离心泵，在其进口管路上安装阀门是否合理？为什么？

2.2　活塞式压缩机性能测定

2.2.1　压缩机基础知识

压缩机是将低压气体提升为高压气体的一种从动的流体机械，它将机械能转变为气体能量，可以用于气体增压和气体输送。根据结构形式不同，主要分为速度型和容积型两类，容积型又分为往复式压缩机和回转式压缩机，速度型压缩机又分为轴流式压缩机、离心式压缩机和混流式压缩机。容积式压缩机是依靠工作腔容积的变化来压缩气体或蒸汽，因而它具有容积可周期变化的工作腔。速度式压缩机通过提高气体分子的运动速率，使气体动能转变为压力能。

　　容积式压缩机按工作腔和运动部件形状，可分为"往复式"和"回转式"两大类。往复式压缩机的运动部件进行往复运动；回转式压缩机的运动部件做单方向回转运动（螺杆式和滑片式）。由于容积式压缩机通常有活塞，故又称活塞式压缩机。

　　（1）往复式压缩机基本结构（见图 2-4）

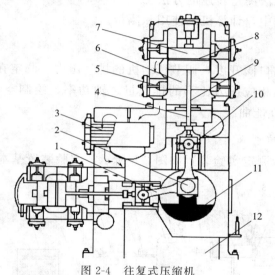

图 2-4　往复式压缩机

1—连杆；2—曲轴；3—中间冷却器；4—活杆；5—气阀；
6—气缸；7—活塞；8—活塞环；9—填料；10—十字头；11—平衡重；12—机身

　　① 工作腔部分　　是直接处理气体的部分。它包括：气阀 5、气缸 6、活塞 7 等。

　　② 传动部分　　把电动机的旋转运动转化为活塞往复运动的一组驱动机构，包括连杆 1、曲轴 2 和十字头 10 等。

　　③ 机身部分　　用来支撑（或连接）气缸部分与传动部分的零件，此外，还有可能安装其他附属设备。

　　④ 辅助设备　　指除上述主要的零部件外，为使机器正常工作而设的相应设备。

　　（2）往复式压缩机工作原理

　　当活塞式压缩机曲轴旋转时，连杆传动，活塞便做往复运动，由气缸内壁、气缸盖和活塞顶面所构成工作容积则会发生周期性变化。活塞式压缩机活塞从气缸盖处开始运动时，气缸内工作容积逐渐增大，这时，气体即进气管，推开进气阀而进入气缸，直到工作容积变到最大时为止，进气阀关闭；活塞式压缩机活塞反向运动时，气缸内工作容积缩小，气体压力升高，当气缸内压力达到并略高于排气压力时，排气阀打开，气体排出气缸，直到活塞运动到极限位置为止，排气阀关闭。当活塞式压缩机活塞再次反向运动时，上述过程重复出现。总之，活塞式压缩机曲轴旋转一周，活塞往复一次，气缸内相继实现进气、压缩、排气过程，即完成一个工作循环。

2.2.2　实验指导

2.2.2.1　目的要求

（1）了解往复活塞式压缩机的结构特点。

（2）了解温度、压差等参数的测定方法，计算机数据采集与处理。

（3）掌握压缩机排气量的测定原理及方法。

（4）掌握压缩机示功图的测试原理、测量方法和测量过程。

（5）了解脉冲计数法测量转速的方法。

（6）掌握测试过程中，计算机的使用和测量。

2.2.2.2　实验内容

通过调节储气罐出口阀开度，调节压缩机的排气压力，测定在不同压力比下的排气量、电机功率，计算出相应压力比下的排气量、轴功率，绘制空气压缩机的排气量-压力比、轴功率-压力比性能曲线。

2.2.2.3　实验设施设备

活塞式压缩机性能测定实验装置如图 2-5 所示。实验装置基本配置见表 2-3。

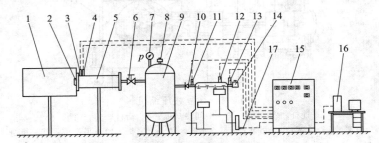

图 2-5　活塞式压缩机性能测定实验装置

1—消音器；2—喷嘴；3—压力传感器；4—温度传感器；5—减压箱；
6—调节阀；7—压力表；8—安全阀；9—稳压罐；10—单向阀；11—温度传感器；
12—压力传感器；13—温度传感器；14—吸入阀；15—控制柜；16—计算机；17—接近开关

注：图中虚线为信号传输线

表 2-3　实验装置基本配置

序号	名称	型号	数量
1	接近开关	SFS-15	1
2	温度变送器	Pt100 / 0～200℃	4
3	压力变送器	SM9320DP（0～21MPa）	2
4	压力变送器	SM9320DP（0～21.6MPa）	1
5	差压变送器	SM9320DP（0～10kPa）	1
6	功率变送器	KD380/5V/24	1
7	数字显示仪	AI-501B24V	8

序号	名称	型号	数量
8	数据采集板	PCI8333 12 位 16CH	1
9	计算机	CPU 酷睿 1.6G、内存 1.0G、硬盘 160G、DVD 光驱、17in 液晶显示器、集成显卡	1
10	活塞式压缩机	11ZA-1.5/8、活塞行程 114、气缸直径 153mm	1
11	储气罐	0.3m³	1
12	喷嘴流量计	喷嘴口径 19.05mm	1

2.2.2.4　实验原理

（1）压缩机的排气量计算

用喷嘴法测量活塞式压缩机的排气量是目前广泛采用的一种方法。它是利用流体流经排气管道的喷嘴时，在喷嘴出口处形成局部收缩，从而使流速增加，经压力降低，并在喷嘴的前后产生压力差，流体的流量越大，在喷嘴前后产生的压力差就越大，两者具有一定的关系。因此测出喷嘴前后的压力差值，就可以间接地测量气体的流量。排气量 Q_0（m³/min）的计算公式如下：

$$Q_0 = 1129 \times Cd_0^2 \frac{T_{x1}}{p_1} \sqrt{\frac{\Delta p \, p_0}{T_1}} \tag{2-13}$$

式中　d_0——喷嘴直径，本实验用喷嘴 $d_0 = 19.05$mm；

　　　C——喷嘴系数，利用选择喷嘴系数用线图和喷嘴系数表查出，近似为 0.988；

　　T_{x1}——吸气温度，K；

　　　p_1——吸气压力，$\times 10^5$Pa（或 MPa）；

　　　T_1——喷嘴前温度，K；

　　　p_0——实验现场大气压（$\times 10^5$Pa）；

　　Δp——喷嘴前后压差，kPa。

通过测量装置，计算机采集吸入气体温度 T_{x1}、排出气体温度 T_1、喷嘴压差 Δp，用上述公式计算出排气量 Q_0。

（2）传感器的布置和安装

排气量的测试需要测量出喷嘴前后的压力差、环境温度、排气温度三个参数，因此需要安装测量这三个参数的传感器。它们的布置如图 2-5 所示。

① 排气压力传感器。在与储气罐相连接的排气管上，在排气截止阀前端安装压力传感器 2 来测量排气压力，传感器的型号为 SM9320DP，量程为 1MPa。

② 喷嘴前后压差传感器。该传感器选用 SM9320DP 型压差传感器，量程为 10kPa。

③ 测温热电阻传感器。型号均为 Pt100。

（3）示功图的测绘

通过在压缩机气缸盖上安装的压力传感器将气缸内的压力转变为微弱的电压信号，经过 ADAM3016 调理模块处理信号之后，通过接线端子板及一根 37pin（芯）电缆连接线与 PCL-818L 数据采集板相连。环境温度等其他参数通过相应的传感器及变送器，以相同的连接方式进入数据采集板。皮带轮附近安装有霍尔接近开关，皮带轮与接近开关在压缩机曲轴每旋转一周开始的时候，产生一个脉冲开关信号，利用它作为开始采样的启动信号。对应任一压力值的气缸容积可以通过简单的数学计算得到。数学计算过程如下。

假定活塞压缩机一个工作循环内取样次数为 n（可由计算机来设定），则对应的第 i 个采样点活塞在气缸中的位移 s（mm）为

$$s = r\left[(1 - \cos\alpha) + \frac{L}{r}\left(1 - \sqrt{1 - \left(\frac{r}{L}\right)^2 \sin^2\alpha}\right)\right] \tag{2-14}$$

式中　α——曲轴（曲柄）的转角，$\alpha = i\dfrac{360}{n}$（$i = 0$，1，2，$\cdots$，n）；

r——曲轴（曲柄）半径，本实验 $r = 57\text{mm}$；

L——连杆长度，本实验 $L = 250\text{mm}$。

气缸内气体容积为 $V = AS$（A 为气缸横截面积），其中 $A = \dfrac{\pi}{4}D^2$，D 为活塞直径，$D = 153\text{mm}$。

采用 Chart 绘图插件，压力值显示在纵坐标上，气缸容积/位移值显示在横坐标上，便得到了示功图曲线，同时计算机控制界面上还显示指示功率的数值。整个测试系统结构如图 2-6 所示。

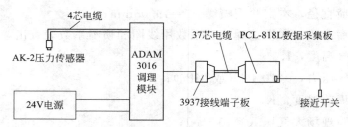

图 2-6　数据采集系统结构图

2.2.2.5　实验步骤

（1）开启计算机，启动计算机、压缩机测试软件。

（2）检查压力传感器、压差传感器和温度计是否正常。

（3）按照压缩机使用说明书要求检查压缩机是否处于开车前的准备状态后，启动压缩机，待压缩机转速达到正常稳定后，逐渐关小排气调节阀，并由排气压力表观察排气压力，缓慢升高排气压力，待排气压力达到 0.1MPa 后，稳定 10～15min。

（4）按照计算机程序要求分别测取排气压力、喷嘴前压力、排气温度、缸内压力、压缩机转速、电机功率。在计算机上即可以得出示功图。

（5）分别在排气压力为 0.2MPa、0.3MPa、0.4MPa 和 0.5MPa 下进行参数测试。改变排气压力后继续测量。

（6）卸压过程：停止压缩机后，逐渐打开放空阀，缓慢将压缩机排气压力降到 0kPa。

（7）实验结束，一切复原。

2.2.2.6　实验数据记录与整理

列出测量所得的数据：喷嘴直径、吸气温度、吸气压力、喷嘴前温度、喷嘴前后压差和指示功率，记录于表 2-4。

表 2-4　实验数据记录

测量项目	测量次数				
	1	2	3	4	5
储气罐压力/MPa					
吸气温度/℃					
喷嘴前后压差/kPa					
喷嘴前气体温度/℃					
压缩机转速/（r/min）					
指示功率/kW					

2.2.2.7　注意事项

（1）注意用电安全，注意皮带轮的安全。

（2）不得随意乱动仪器。

（3）压缩机出口温度稳定后再测量。

（4）调节阀要慢慢开启。

2.2.3　实验报告要求

（1）简述实验目的、实验原理、实验装置及实验步骤。

（2）记录数据并处理。

（3）绘制示功图。

（4）思考和讨论。

2.2.4　思考题

（1）结合示功图分析压缩比对排气量的影响。

（2）示功图的用途是什么？

附：实验数据处理与分析

（1）计算输气量 Q。

① C 利用选择喷嘴系数用线图和喷嘴系数表查出，近似为 0.988。

② $p_0 = 101300 \text{Pa}$，$d_0 = 19.05 \text{mm}$。

③ 通过表 2-4 实验数据记录计算：$T_{x1} =$ 吸气温度（℃）$+273$，$T_1 =$ 喷嘴前温度（℃）$+273$，喷嘴前后压差 Δp。

将以上数据代入式（2-13）计算输气量。

（2）计算排气量

① $\overline{V} = n\lambda_g\lambda_p\lambda_T\lambda_V 2V_H$

式中　λ_V——容积系数；

λ_p——压力系数；

λ_T——温度系数；

λ_g——泄漏系数；

V_H——理论排气量。

已知：$n=522\text{r/min}$，$p_2=0.5\text{MPa}$

容积系数计算公式为：

$$\lambda_V = 1 - \alpha\left(\varepsilon^{\frac{1}{m}} - 1\right)$$

式中　α——相对余隙容积，$\alpha = \dfrac{V_0}{V_H}$，$V_0$ 为实际输气量；

ε——名义压力比：$\varepsilon = \dfrac{p_2'}{p_1}$，$p_2'$ 为气缸的名义排气压力，p_1 为气缸的吸气压力；

m——气体的多变膨胀过程系数。

计算压缩比：$\varepsilon = \dfrac{p_2'}{p_1} = (1.013\times10^5 + p_2)/101300 = 6$

根据进气压力和压力比可查：$\lambda_T = 0.93$，$\lambda_p = 0.96$，$\lambda_g = 0.96$

$V_H = F_h s = 0.0021\text{m}^3$　　（$F_h = \dfrac{\pi}{4}D^2$，气缸直径 $D = 0.153\text{m}$，活塞行程 $s = 0.114\text{m}$）

相对余隙容积 $\alpha = \dfrac{V_0}{V_H} = 0.787$　　　（$V_0 = 1.65\times10^{-4}\text{m}^3$）

根据吸气压力，可查出气体的多变膨胀过程系数 $m=1.2$

计算：$\lambda_V = 1 - \alpha\left(\varepsilon^{\frac{1}{m}} - 1\right) = 1 - 0.0787\left(6^{\frac{1}{1.2}} - 1\right) = 0.73$

$\overline{V} = n\lambda_g\lambda_p\lambda_T\lambda_V 2V_H = 522\times0.96\times0.96\times0.93\times0.73\times2\times0.0021 = 1.372\text{m}^3$

② 相对误差

$\left|\dfrac{\overline{V}_{\text{公式}} - Q_{\text{实测}}}{\overline{V}_{\text{公式}}}\right| \times 100\% = \left|\dfrac{1.372 - 1.37}{1.372}\right| \times 100\% = 0.15\%$，同理，可求得其他各

组数据的结果，整理于表 2-5。

表 2-5　实验数据整理

测量项目	测量次数				
	1	2	3	4	5
储气罐压力/MPa	0.1	0.2	0.3	0.4	0.5
吸气温度/℃					26.32
喷嘴前后压差/kPa					5.78
喷嘴前气体温度/℃					28.56
压缩机转速/（r/min）					522
指示功率/kW					3.30
输气量/（m³/min）					1.65
排气量/（m³/min）					1.37
相对误差/%					20

2.3　柔性转子临界转速的测量

2.3.1　基础知识

转子的振幅随转速的增大而增大，到某一转速时振幅达到最大值，超过这一转速后振幅随转速增大逐渐减少，且稳定于某一范围内，这一转子振幅最大的转速称为转子的临界转速。

旋转机械转子的工作转速接近其横向振动的固有频率而产生共振的特征转速。汽轮机、压缩机和磨床等高速旋转机械的转子，由于制造和装配不当产生的偏心以及油膜和支承的反力等原因，运行中会发生弓状回旋。当转速接近临界转速时，挠曲量显著增加，引起支座剧烈振动，形成共振，甚至波及整个机组和厂房，造成破坏性事故。

转子横向振动的固有频率有多阶，故相应的临界转速也有多阶，按数值由小到大分别记为 n_{c1}，n_{c2}，…，n_{ck}。有工程实际意义的是较低的前几阶。任何转子都不允许在临界转速下工作。对于工作转速 n 低于其一阶临界转速的刚性转子，要求 $n<0.75n_{c1}$；对于工作转速 n 高于其一阶临界转速的柔性转子，要求 $1.4n_{ck}<n<0.7n_{ck+1}$。有限元法利用电子计算机计算各阶临界转速。对于已经制造出的转子，可用各种激励法实测其各阶横向振动固有频率，进而确定各阶临界转速，为避免事故、改进设计提供依据。因此，旋转机械在设计和使用中，必须设法使工作转速避开各阶临界转速。临界转速的数值与转子的材料、几何形状、尺寸、结构形式、支承情况和工作环境等因素有关。计算

转子临界转速的精确值很复杂，需要同时考虑全部影响因素，在工程实际中常采用近似计算法或实测法来确定。

2.3.2　实验指导

2.3.2.1　实验目的

（1）通过实验，观察和了解在临界转速时的振动现象，振动的幅值和相位的变化情况。

（2）掌握临界转速理论值的计算和实际值的测量方法。

（3）观察和验证转子结构对临界转速的影响。

（4）了解非接触涡流式位移传感器和振动测量分析仪器的使用方法。

2.3.2.2　实验内容

通过模拟台调速器逐渐增加转子的转速，测量转子振幅变化，测量转子的临界转速。

2.3.2.3　实验设施设备

（1）柔性转子临界转速试验台

转子在某些转速或其附近运转时，将引起剧烈的横向弯曲振动，甚至会造成转轴和轴承的破坏，而当转速在这些转速的一定范围之外时，运转趋于平稳，这些引起剧烈振动的特定转速称为该转子的临界转速。

柔性转子临界转速的测定装置主要包括模拟实验台和数据采集与信号分析系统两部分。模拟实验台主要是由电机、转子和支撑组成，转子由等直径轴和若干转盘组成，转盘在轴上的位置可以改变。转子转速的变化通过串激电机改变电压实现。数据采集与信号分析系统主要是由模拟台调速器、前置适配器（GDZZ-150）、两个非接触涡流式位移传感器、光电转速传感器、信号调理器和数据采集接口箱（AZ016G）组成，如图 2-7 所示。

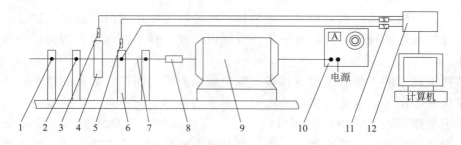

图 2-7　柔性转子临界转速测定装置
1—两个含油轴承支座；2—限位保护支座；3—光电传感器头；4—转子；5—涡流式位移传感器；
6—传感器支座；7—转轴；8—联轴节；9—电机；10—模拟台调速器；11—前置放大器；12—数据采集接口箱

在柔性转子临界转速试验系统中，转轴上装有转子，转轴两端有滑动轴承支撑。为减轻电机对转轴振动的影响，可将转轴与电机通过联轴节连接。转子的转速通过模拟台调速器调节。打开模拟台调速器的电源，通过调节电压可使转子旋转起来，由于转子上偏心质量产生离心力使转子产生转速频率下的简谐激振；逐渐增加模拟台调速器的电压，提高转子转速，则转轴的横向振动加剧，振幅加大。当转子旋转频率达到或接近固有频率时,转子产生剧烈振动,这时微机所测得转子的振幅迅速升高,通常此时的转速就是临界转速。当继续提高转子转速时,转子的振动减缓,振幅值迅速下降并趋于稳定。

（2）数据采集与信号分析系统

本实验将采用振动及动态信号采集分析系统 CRAS V6.1 中的旋转机械振动状态监测和分析软件包 VmCras 实现数据采集与处理。

2.3.2.4　实验原理

测定柔性转子的临界转速,可以通过旋转机械振动状态监测和分析软件包 VmCras 所测得的轴心轨迹图或波特图得出。通过将两个涡流传感器分别置于轴某一截面相互垂直的两个方向上,把两个方向上的振动信号分别输入信号分析仪的 X 轴和 Y 轴,由此测得转子的涡动运动,这种涡动运动的轨迹称为轴心轨迹。转子的轴心轨迹一般近似为椭圆,当转子通过临界转速时,椭圆迅速变大,椭圆轴线方向迅速改变;通过临界转速后,椭圆又缩小。波特图反映了转子振幅和相位随转速变化的关系,如图 2-8 所示。由波特图可以看出,转子通过临界转速时,振幅迅速变大,相位迅速改变;通过临界转速后振幅迅速变小。

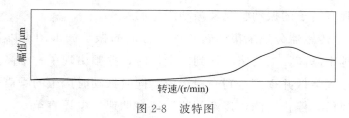

图 2-8　波特图

2.3.2.5　实验步骤

（1）实验前查阅柔性转子临界转速的相关资料,预习实验指导书中相关内容,对柔性转子的临界转速有初步的了解。

（2）熟悉实验所用设备和仪器,按照实验指导书中相关介绍连线组建实验系统,接线要认真仔细。接线完成后,对照实验指导书检查线路是否正确,在此期间不得开启电源。

（3）移开实验台上两个转子的支撑件,检查轴、转子及轴承是否良好。实验前为保证轴承正常工作,需要在螺钉孔滴入适量润滑油。

（4）打开数据采集接口箱、前置适配器、信号调理器电源,检查各设备是否正常工作,预热 10min。

（5）开启微机,运行 CRAS V6.1 软件,进入振动及动态信号采集分析系统界面,点击旋转机械振动监示及诊断软件包 VmCras,进入临界转速实验子系统。

（6）点击作业,弹出打开作业的对话框,选择作业保存的目录并输入文件名（组号码）,如果没有相同文件名即将进行新作业。选择双通道进行实验。

（7）点击参数设置即可弹出对话框,对各参数进行设置。

采集方式：外部方式（注：内部方式指定采样率进行采样，适用于稳定转速；外部方式指整周期采样，采样频率随转速同步变化，适用于起停车的瞬态过程）。

外部方式键相位：64kph 或 128kph（表示整转速周期的测点数）

采集控制：监示采集

监测值类型：两通道均为 PEAK（双峰值）

监示总记录时间：120s

工程单位：μm

电压范围：$\pm 5000mV$

通道标记：确认各通道（传感器）的振动方向，X 或 Y

设置完参数后，点击"确定"。

（8）开启模拟台调速器电源，缓慢调节电压，转子开始运转。升速时必须注意防止瞬时电流过大，升速过程中不得降速（即反向转动模拟台调速器）。数据记录结束后，反向转动模拟台调速器平稳降速，直至电压为零，再切断电源。

（9）点击在线监测，确认弹出对话框中相关设置信息，进入监测界面。

（10）在监测界面中可显示转子转速、监测时间。调节模拟台调速器电压，不断提高转子的转速，观察转子的振动状况及振动产生的噪声。

（11）通过两个传感器分别采集的转子两个方向的振动波形图可以看出，随着转速的升高，振幅也越来越高，当转速增加到一定值时，振幅出现了一个高峰值；随后继续升高转子转速，振幅降低并逐渐达到一稳定值，同时振动时产生的噪声变低。这时转子已经出现临界转速值，停止监测，逐渐调节模拟台调速器电压直至 0V。

（12）振动记录结束后，通过显示器观察转子的动态特性，有两种方式。

① 伯特图 软件系统将自动绘制伯特图，它表示两通道的转子振动幅频特性和相频特性曲线。点击通道 1 或通道 2，可观察并记录单个通道的从振幅和相位两个方面反映的转子振动情况。一般振幅极大值所对应的转速就是临界转速，临界转速附近的高振幅区为共振区；当转速经过共振区时，相位发生突变（约 $180°$ 的相位变化）。

② 轴心轨迹图 依次点击"稳态分析""显示轨迹图"，即可看到某一转速下的轴心轨迹图。

（13）将以上关系图直接保存在 Word 文档中打印输出，并对其进行分析，确定转子的临界转速值，并将此值与理论计算值相比较。

（14）记录转速在 2500～5000r/min 的 10 组数据，在坐标纸上绘制伯特图，确定临界转速的大小。

（15）实验结束后，关掉模拟台调速器电源，将支撑件放在两转子底部；关掉数据采集接口箱、前置适配器、信号调理器电源，拆下并整理线路。

2.3.2.6 实验数据记录与整理

通过伯特图，记录通道 1 和通道 2 振幅和相位两个方面的转子振动情况，见表 2-6。

表 2-6　轴的临界转速实验数据记录

通道 1			通道 2		
转速/（r/min）	幅值/μm	相位/（°）	转速/（r/min）	幅值/μm	相位/（°）

2.3.2.7　注意事项

（1）实验前应认真聆听指导老师讲解，不得来回走动、大声讲话，不得随意操作实验仪器；实验中应认真分析实验现象，记录实验数据，不得操作与本实验无关的仪器设备。遇有异常情况及时报告老师。

（2）组建该实验系统应严格按照实验指导书要求进行连线，安装传感器时注意不要把接线弄断，遇到问题应及时问问指导老师。

（3）开始实验前，要全面检查各设备状况。开启模拟台调速器电源之前，认真检查调速器电压是否正确，系统转子支撑是否移开，转子轴承处是否已加润滑油。

（4）实验过程中，对模拟台调速器进行调节时应爱护仪器，必须缓慢增加电压值，使转子转速缓慢变化，转子转速不得超过 5000r/min（模拟调速器电压不能超过 50V）。严格按照实验步骤进行实验，不可擅自乱调仪器，一旦出现异常，应马上报告老师。

（5）该系统转子在高速旋转时可能会脱离转轴，因此在转子与转轴垂直的方向上严禁同学观看，以免危及人身安全，如果转子出现异常应及时停机进行检查。

（6）实验结束应征得实验老师同意后，方可关机。学生实验结束后需整理好实验仪器，打扫实验室卫生，经老师同意后方可离开实验室。

2.3.3　实验报告要求

（1）简述实验目的、实验原理、实验装置及实验步骤。

（2）填写实验数据并整理。

（3）实验数据处理及误差分析。

（4）回答思考题。

2.3.4　思考题

（1）转子的临界转速与哪些因素有关？

（2）什么是刚性轴？什么是柔性轴？

附：实验数据处理与分析

（1）记录软件系统自动绘制的波特图和轴心轨迹图，分析标出最大振动位移量和临界转速值。

（2）选取转速范围：2500～5000r/min 的 15 组数据，用坐标纸绘制波特图（振幅-转速），分析标出最大振动位移量和临界转速值。

（3）整理所测各项原始数据，记录于表 2-7 中。

表 2-7　实验数据整理

实测值形式	d/m	m/kg	L/m	a/m
转子				

（4）将理论计算所得临界转速和实测值进行比较，结果如表 2-8 所示。

表 2-8　临界转速理论值和实测值比较

内容	N_k（理论）	N_{k1}（实测，系统波特图）	N_{k2}（实测，自绘波特图）	$\dfrac{N_k - N_{k1}}{N_k} \times 100\%$	$\dfrac{N_k - N_{k2}}{N_k} \times 100\%$
$a = L/2$					
$a = L$					

（5）与实验所得数值进行比较，分析引起误差的原因及影响轴的临界转速的各种因素。

第3章 压力容器无损检测实验

无损检测是指在不损害或不影响被检测对象使用性能，不伤害被检测对象内部组织的前提下，利用材料内部结构异常或缺陷存在引起的热、声、光、电、磁等反应的变化，以物理或化学方法为手段，借助现代化的技术和设备器材，对试件内部及表面的结构、性质、状态及缺陷的类型、性质、数量、形状、位置、尺寸、分布及其变化进行检查和测试的方法。无损检测是工业发展必不可少的有效工具，在一定程度上反映了一个国家的工业发展水平，无损检测的重要性已得到公认，目前大量用于压力容器无损检测技术主要有射线检验（RT）、超声波检测（UT）、磁粉检测（MT）、液体渗透检测（PT）和涡流检测（ECT）五种。

3.1 超声波探伤检测试验

3.1.1 超声波探伤基础知识

超声波是一种机械波，机械振动与波动是超声波探伤的物理基础。超声波探伤主要应用以下原理来实现：

① 声束具有良好的指向性，在介质中作直线传播；

② 声束服从光学的反射定律和折射定律；

③ 声束在传播中遇相异介质时，会在界面上产生反射。

利用声束遇相异介质时，会在界面上产生反射这一特性可以探测工件内是否存在缺陷，利用声束的指向性可以对缺陷定位。

超声波探伤通常有两种方法：一种是纵波探伤；另一种是横波探伤。

（1）纵波探伤

纵波探伤通常是用直探头进行探伤的。探伤时，超声波进入工作表面时部分能量被发射，产生反射波，该反射波在探伤仪的显示屏上显示出来，该波称为始波 T。超声波进入工件后，在工件内直线传播，若遇缺陷，则有部分能量被反射，形成反射波，称为伤波 F，伤波在探伤仪显示屏上的水平刻度值的大小取决于缺陷距表面的距离大小。当超声波离开工件底部时，又有部分能量被反射，这个反射波被称为底波 B（见图3-1）。

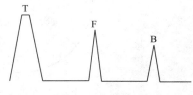

图3-1 探伤波形

（2）横波探伤

横波探伤通常是用斜探头进行探伤的。超声波的发射方向与工件表面不呈直角。一般无法收到底波。当探头发射的超声波遇到缺陷时，缺陷表面产生反射，探伤仪能收到伤波，从而达到探伤目的。

在对工件进行横波探伤前，需对斜探头的入射点和折射角进行标定，并利用标准试块绘制距离-波幅曲线。距离-波幅曲线是描述某规则反射体回波高度与反射体距离之间的关系曲线。因此，有了距离-波幅曲线与入射点和折射角，就能很好地确定缺陷在工件内的位置，就能很好地对缺陷进行评定。

3.1.2　实验指导

3.1.2.1　目的要求

（1）掌握超声波探伤的基本原理和超声波探伤仪的使用方法。

（2）掌握纵波探伤的方法，并对缺陷定位。

（3）掌握横波探伤的方法和横波斜探头入射点、折射角的测试方法，并对缺陷定位。

（4）了解绘制距离-波幅曲线的方法。

3.1.2.2　实验内容

利用超声波探伤标准试块对超声波探伤仪进行校准，绘制距离-波幅曲线，然后对钢板对接焊缝进行实际探伤，并对焊缝缺陷进行评定。

3.1.2.3　实验设施设备

（1）HY-28 数字式超声波探伤仪；

（2）探伤试块（CSK-ⅠA 试块、CSK-ⅢA 试块）；

（3）超声波探头（直探头、斜探头）；

（4）耦合剂（机油）；

（5）探伤工件。

3.1.2.4　实验步骤

（1）横波探伤

① 探头入射点和折射角标定　用试块 CSK-ⅠA 来标定斜探头入射点和折射角的标准试块。试块尺寸如图 3-2。

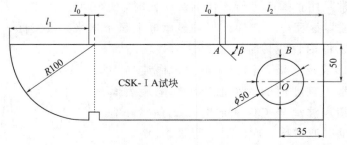

图 3-2　CSK-ⅠA 试块结构示意图

　　斜探头声束轴线与探头底面的交点称为斜探头的入射点。知道了入射点位置，才能测定斜探头的 l_0 值（即入射点到探头前端面的距离）和 K 值。从而在探伤中完成缺陷定位。斜探头入射点位置测试方法如下。

　　将斜探头置于试块上表面，靠近 $R100$ 曲面圆心处，前后移动探头，使 $R100$ 曲面反射波最高。此时探头入射点正好落在 $R100$ 圆柱面的圆心轴上。那么入射点至探头前端面距离为：

$$l_0 = 圆柱半径 - l_1$$

　　斜探头折射角即为测定超声波与斜探头下表面法线的夹角 β。

　　标定折射角的方法为：将斜探头置于 CSK-ⅠA 标准试块上表面移动，当探伤仪测到 $\phi 50mm$ 圆柱面的反射波信号最强时，表明超声波声束正好落在 $\phi 50mm$ 圆柱面的法线上。此时测量探头前端面至试件右端的距离 l_2，即可标定折射角。

　　折射角：
$$\beta = \arctan \frac{AB}{BO} = \arctan \frac{l_0 + l_2 - 35}{30}$$

　　② 距离-波幅曲线的测绘　首先测出斜探头的入射点和折射角，将探头对准 CSK-ⅢA 标准试块上 $d=10mm$ 孔的回波上，调节（增益）使深度为 10mm 的 $\phi 1 \times 6$ 孔的最高回波达基准 80%，操作仪器记下读数。移动探头，寻找 20mm 的回波，操作仪器记下读数，接着移动探头，寻找 30mm 的回波，操作仪器记录读数，最后根据探伤工艺及板厚等来确定判废线、定量线、评定线的偏移量（见表 3-1）。

表 3-1　实验数据记录

孔深/mm	10	20	30
DAC 点数：3			
评定线 DAC-9dB			
定量线 DAC-3dB			
判废线 DAC + 5dB			

　　根据读数绘出距离-波幅曲线。

　　（2）纵波探伤

　　运用纵波探伤原理，用直探头测试块 CSK-ⅡA 上存在的缺陷和缺陷距试块表面的距离。

　　① 标定参数　探伤之前根据工件的条件一般需要选择探伤类型，设置探伤参数。对于本实验应设置如下参数。

　　a. 探伤范围：不同的探伤类型都有默认的扫描范围，也可以根据需要做一定调整。在本实验中，探伤范围可标定为 250mm。

　　b. 探头：设为直探头。

　　c. 声速：为纵波声速 5900m/s。

　　d. 刻度：有四种方式可选，声时、声程、水平距离和深度。根据实验测定的需要来进行选择。

　　② 探伤　进入探伤界面，调节 [衰减]，使最高回波幅度到 80% 左右，便于观察。探头在探测面扫查探测，发现缺陷后，前后左右移动探头找到最高回波，调节阀门 A 位置

框住缺陷波,从菜单界面上读出需要的缺陷位置值并记录,按［冻结］储存此时波形。

按上述做法在整个面上进行探测,并记录缺陷数据。

3.1.2.5　实验数据记录与整理

(1) 使用距离-波幅曲线对钢板对接焊缝进行等级判别。

(2) 测定缺陷的垂直深度。

(3) 测定缺陷的水平位置和长度。

(4) 将钢板对接焊缝探伤数据填入表 3-2 中。

表 3-2　钢板对接焊缝探伤数据

试板编号	回波高度/mm	缺陷级别/级	缺陷深度/mm	缺陷长度/mm	缺陷水平位置

3.1.2.6　注意事项

(1) 实验准备工作充分,认真连线,经老师检查后方可开启电源。

(2) 开始实验前,应对仪器进行调节,调节时应爱护仪器,调节旋钮要缓慢渐进,以免损坏仪器。

(3) 探伤过程中,应保证探头与工件有良好的耦合,应给探头一定的压力,以保证耦合液浓度均匀。

(4) 防止连线折断。注意探头的位置变化,防止探头跌落。

3.1.3　实验报告要求

(1) 实验目的、实验装置和实验步骤。

(2) 填写数据记录表。

(3) 纵波实验写出缺陷的位置,附缺陷波形图。

(4) 横波实验根据所测数据,绘制距离-波幅曲线。

(5) 回答思考题。

3.1.4　思考题

(1) 超声波探伤依据什么来确定缺陷的水平和垂直位置?

(2) 超声波探伤依据什么来确定缺陷的大小?

(3) 如何评定缺陷等级?

3.2　磁粉无损检测实验

3.2.1　基础知识

磁粉探伤是一种比较古老的无损检测方法,它被广泛应用于容器及锅炉制造、化工、电力、造船、航空和宇航工业等部门的重要零件的表面质量检验。采用磁粉检测方法检测磁性材料的表面缺陷，比采用超声波或射线检测的灵敏度高，而且操作简便、结果可靠、价格便宜。

当材料或工件被磁化后，若在工作表面或近表面存在裂纹缺陷，便会在该处形成一漏磁场。漏磁场将吸引、聚焦检测过程中施加的磁粉，而形成缺陷显示。因此，磁粉探伤首先是对被检工件加外磁场进行磁化，外加磁场的获得一般有两种方法：一种是由可以产生大电流的磁力探伤机直接给被检工件通大电流而产生磁场；另一种是把被检工件放在螺旋管线圈产生的磁场中，或是放在电磁铁产生的磁场中使工件磁化。工件被磁化后，在工件表面上均匀喷洒微颗粒的磁粉，如果被检工件没有缺陷，则磁粉在工件表面均匀分布，当工件上有缺陷时，位于工件表面或近表面的缺陷处产生漏磁场，形成一个小磁极。如图 3-3 所示。磁粉将被小磁极所吸引，缺陷处因堆积比较多的磁粉而被显示出来，使肉眼可以看到。

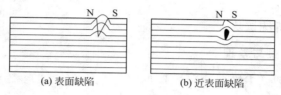

(a) 表面缺陷　　　　(b) 近表面缺陷

图 3-3　表面缺陷

磁粉检测按显示方法可分为湿粉显示和干粉显示。湿粉显示法是先把磁粉配制成一定浓度的水磁悬浮液或油磁悬浮液，检测时磁悬浮液均匀喷洒在被检工件表面上，工件表面上的缺陷处的漏磁将吸附磁粉，形成磁痕而显示缺陷。由于磁悬液具有良好的流动性，灵敏度高，这种方法得到广泛的应用。一般情况下，磁粉检测中普遍用水代替油作磁悬浮液的悬浮载体，这是因为水磁悬液方法简单，检测灵敏度较高，运动黏度较小，检测速度提高，成本较低，而且没有着火危险。

3.2.2　实验指导

3.2.2.1　目的要求
（1）掌握磁粉探伤的基本原理和磁粉探伤仪的使用方法。
（2）掌握用磁粉探伤的方法对钢板焊缝进行探伤，并对缺陷进行初步评定。

3.2.2.2　实验内容
用磁粉探伤的方法对钢板焊缝进行探伤，寻找是否有磁痕堆积，从而评判缺陷是否存在，在怀疑有缺陷的地方，应该对表面清洁后，重新检测多次。

3.2.2.3　实验设施设备
（1）LKCD-Ⅲ 多功能磁粉探伤仪；
（2）E 型旋转磁场探头；
（3）磁粉；
（4）缺陷工件。

3.2.2.4　实验步骤

（1）预清洗

所有材料和试件的表面应无油脂及其他可能影响磁粉正常分布或影响磁粉堆积物的密集度、特性及其清晰度的杂质，所有通向内孔或内腔的小孔应予填塞。当磁悬液可能损坏试件的某些部分时，应使用有效的保护层，以防磁悬液接触。

（2）探伤灵敏度检验

正式探伤前，首先要检验探伤灵敏度。将 A 型标准试片置于被测工件表面，并用透明窄胶带粘牢试片边缘，然后用手压紧并移动探头使试片置于探头中心部位，将磁粉均匀散布到试片上，按下探头上的开关，在标准试片上人工刻槽应显示清晰。

（3）工件探伤

将磁粉均匀散布到探伤工件焊缝处，操作探伤仪进行探伤。探伤完毕后对磁痕进行分析。

（4）回收磁粉，清洗试块。

3.2.2.5　实验数据记录与整理

（1）磁粉材料类别（干磁粉或湿磁粉）；

（2）试块状况（材质）；

（3）记录磁化过程（连续法、剩磁法）及其磁化后缺陷效果图（磁痕轨迹）。

3.2.2.6　注意事项

（1）使用前，应检查供电电压是否合适仪器要求，保证电源插头线与仪器电源插座接好，探头和输出插座连接好。

（2）探头和被探工件接触良好时（不允许空载通电）才能按下探头上的开关，对工件磁化，否则探头线圈电流过大，易损坏仪器。

（3）实验过程中应认真观察实验现象，不可触摸工件，以防触电，危及人身安全。

（4）停止使用时，需关断仪器电源开关，断开电源。

3.2.3　实验报告要求

（1）写出实验目的、实验仪器和实验步骤。

（2）给出探伤报告

① 磁粉探伤设备；

② 磁粉材料类别（干磁粉或湿磁粉）；

③ 试块状况（材质）；

④ 磁化过程（连续法、剩磁法）；

⑤ 磁化电流（交流、半波整流、直流等）；

⑥ 试块磁化方式（触头法、磁轭法等）；

⑦ 磁痕轨迹（图示标出）。

（3）回答思考题。

3.2.4　思考题

（1）磁粉探伤基本原理是什么？

（2）影响磁粉探伤灵敏度的因素有哪些？

附：磁粉检验报告（部分）

磁粉检验报告见表 3-3。

表 3-3　磁粉检验报告

材　质：		规格（mm）：		焊接方法：	
方　法	磁轭法□	提升力		磁化时间____s	
	支杆法□	磁化电流____A	磁化间距____mm	磁化时间____s	
仪　器	制造厂		型号：	编号：	
磁　粉	□干粉　□湿粉（□水　□油）			型号名称：	
	浓度：			□非荧光　□荧光	
部件或接头号	厚　度/mm	检验长度/mm	缺陷显示	评　定	备　注
			□NI　□I	□A　□U/A	

第4章 换热器性能测试综合实验

4.1 换热器综合实验系统 HETS-2.0

4.1.1 系统原理及结构

换热器综合实验系统装置原理如图 4-1 所示。实验系统由换热器实验装置、冷水系统、热水系统、智能仪表控制系统、上位机控制系统五部分组成。

装置中冷、热水系统自成循环，分别独立实现温度控制，控制精度高，调整及时，避免了长时间的温度调整，且可节约用水。在管程管道设计中采用了多支路结构，通过相应阀门的切换，可改变管程流体流动方向（冷、热流体顺、逆流）。

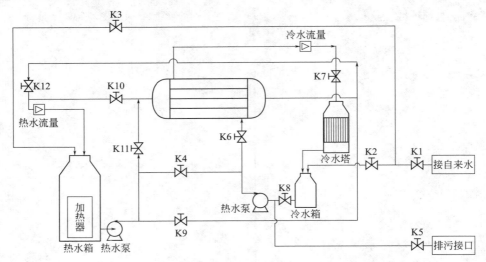

图 4-1 换热器综合实验系统装置

K1—自来水接口总阀；K2—冷水箱进口阀；K3—热水箱进口阀；
K4—联通阀；K5—排水阀（室外）；K6—冷水调节阀；K7—冷水箱回水阀（室外）；
K8—止回阀（室外）；K9—热水调节阀1；K10—热水调节阀2；K11—热水调节阀3；K12—热水箱回水阀

换热器实验台采用固定管板的管壳式换热器典型结构，采用管板与换热管的特殊连接方式，方便换热管与管板的拆卸更换；设计弹性大，管壳程均可以承受诸如 200℃ 饱和蒸汽以下的试验工况。

测控系统分为现场智能仪表和上位计算机两级架构，现场仪表柜可独立完成系统的测控功能。上位机采用工业上广泛应用的 MCGS 工控组态软件平台，搭建微机控制在线实验测控界面，运行稳定，界面友好。上位机通过通信接口与智能仪表联接，可实现测量参数显示、实时曲线绘制、参数计算和数据分析等功能，实现流程仿真。测量实验数据以通用数据库形式保存，满足用户自行处理数据的要求。

4.1.2　系统主要功能与技术指标

4.1.2.1　系统测控参量

表 4-1 列出了换热器综合实验系统 HETS-2.0 测控参量及其装置。

表 4-1　系统测控参量及装置

序号	名称	数量	信　号	备注
1	冷水流量	1	电磁流量计	$0 \sim 40 \mathrm{m}^3/\mathrm{h}$ 手动连续调节
2	热水流量	1	电磁流量计	$0 \sim 40 \mathrm{m}^3/\mathrm{h}$ 手动连续调节
3	冷水进/出口温度	2	热电阻温度传感器	
4	热水进/出口温度	2	热电阻温度传感器	
5	热水箱温度	1	热电阻温度传感器	$<100℃$ 自动调节，精度 $±1℃$
6	冷水箱温度	1	热电阻温度传感器	高于环境温度 $5℃$ 左右，稳定精度 $±1℃$
7	管程压力降	2	压力传感器	
8	壳程压力降	2	压力传感器	
9	冷/热水箱液位	2	液位传感器	

4.1.2.2　系统功能

（1）通过相关参量测试，可计算换热器传热系数，绘制传热性能曲线。

（2）通过相应阀门的切换，可改变管程流体流动方向，实现冷、热流体顺、逆流传热的对比实验。

（3）通过更换管束和其他内件形式，可作各种强化传热对比实验，探究结构对传热过程的影响。

（4）冷、热水系统自成循环，分别独立实现温度控制，控制精度高，调整及时，避免了长时间的温度调整，且可节约用水。

（5）测控系统分为现场智能仪表和上位计算机两级架构，现场仪表柜采用工业级标准，可独立完成系统的测控功能。控制与测量仪器接线开放透明、快速拔插，便于非控制类专业学生观察和学习。

（6）上位机采用工业上广泛应用的 MCGS 工控组态软件平台开发界面系统，可实现测量参数显示、实时曲线绘制、参数计算和数据分析等功能，实现流程仿真。测量实验数据以通用数据库形式保存，满足用户自行处理数据的要求。

（7）实验台采用固定管板的管壳式换热器典型结构，设计弹性大，管壳程均可以承受诸如 200℃ 饱和蒸汽以下的试验工况。实验台采用全不锈钢制作，壳体直径 200mm，换热管规格 $\phi25\mathrm{mm} \times 2\mathrm{mm}$，长度 2000mm，三角形排列。为适应各种形式的换热管，管间距适当放大。管板的安装采用可拆卸式结构，便于不同形式管束的更换。

（8）系统作平台化设计，经过适当扩展，可适应不同换热器形式和尺寸、不同换热介质（水-水、水-蒸气、气-气等）的测试要求。

4.2　换热器换热性能实验

4.2.1　目的和要求

（1）了解传热驱动力的概念及其对传热速率的影响。

（2）测试换热器的换热能力。

（3）熟悉流体流量、压力、温度等参数的测量手段。

4.2.2　实验内容

在换热器冷流体温度、流量和热流体流量恒定的工况下，依次改变热流体的温度，测量管、壳程进出口温度的变化，计算冷、热流体的热量变化及热损失。

4.2.3　实验设施设备

换热器综合实验系统 HETS-2.0。

4.2.4　实验原理

换热器工作时，冷、热流体分别处在换热管的两侧，热流体把热量通过管壁传给冷流体，形成热交换。若换热器没有保温，存在热损失，则热流体放出的热量大于冷流体获得的热量。

（1）热流体放出的热量为：

$$Q_t = m_t c_{pt}(T_1 - T_2) \tag{4-1}$$

式中　Q_t——单位时间内热流体放出的热量，kW；

　　　m_t——热流体的质量流率，kg/s；

　　　c_{pt}——热流体的比定压热容，kJ/（kg·K），在实验温度范围内可视为常数；

　T_1、T_2——热流体的进出口温度，K 或℃。

（2）冷流体获得的热量为：

$$Q_s = m_s c_{ps}(t_2 - t_1) \tag{4-2}$$

式中　Q_s——单位时间内冷流体获得的热量，kW；

　　　m_s——冷流体的质量流率，kg/s；

　　　c_{ps}——冷流体的比定压热容，kJ/（kg·K），在实验温度范围内可视为常数；

　t_1、t_2——冷流体的进出口温度，K 或℃。

（3）损失的热量为：

$$\Delta Q = Q_t - Q_s \tag{4-3}$$

（4）冷热流体间的温差是传热的驱动力，对于逆流传热，平均温差为：

$$\Delta t_{\mathrm{m}} = \frac{\Delta t_1 - \Delta t_2}{\ln(\Delta t_1 / \Delta t_2)} \tag{4-4}$$

式中，$\Delta t_1 = T_1 - t_2$，$\Delta t_2 = T_2 - t_1$。

本实验着重考察传热速率 Q 和传热驱动力 Δt_{m} 之间的关系。

4.2.5　实验步骤

（1）熟悉实验装置及使用仪表的工作原理和性能。打开所要实验的换热器阀门，关闭其他阀门。

（2）水箱注水。开启阀门 K1、K2、K3，关闭阀门 K4、K8、K9、K11。冷水箱加满后关闭阀门 K2，热水箱加水至 2/3 高度即可，然后关闭 K3、K1。

（3）热水箱加热。热水箱注水后，闭合总电源开关，再依次按下控制柜操作台上"总电源合"按钮，将"水箱加热"旋钮拨到通接位置，在温度控制仪表上设置温度设定值（上限 75℃，下限 70℃）后，即可开始水箱自动加热。

（4）冷水泵灌水。开启阀门 K4，约 10s 后关闭，放净空气；开启阀门 K6、K7，按下"冷水泵合"按钮，观察"壳程流量"仪表，直到有流量显示，按下"冷水泵分"按钮，关闭冷水泵，关闭相应的阀门。

（5）启泵运行。热水箱温度加热到设定值后，开启阀门 K6、K7、K9、K10，按下控制柜"热水泵合""冷水泵合"按钮，运行冷、热水循环。

（6）数据采集。保持热流体流量 V_t 及冷流体流量 V_s 不变，改变热流体的进口温度 T_1，待相应温度基本稳定后，记录不同时刻的相关数据，包括管程进/出口温度、壳程进/出口温度。

（7）停止操作。数据采集完毕后，分别按下控制柜"热水泵分""冷水泵分"按钮，将"水箱加热"旋钮拨到断开位置，再按下"总电源分"按钮。整个实验结束后，注意断开墙体上的总电源空气开关，整个系统断电。

（8）后处理。冷水箱内的水可以重复使用，可暂不处理。开启阀门 K4、K5、K6，即可排除热水箱、换热器及管道中的存水，存水排放完毕后关闭相应阀门，结束实验。

4.2.6　实验数据记录与整理

保持热流体流量 V_t 及冷流体流量 V_s 不变，改变热流体的进口温度 T_1，测量冷流体的进出口温度 t_1、t_2 及热流体的出口温度 T_2，填入表 4-2 中，按式（4-1）~式（4-4）计算 Q_t、Q_s、ΔQ 和 Δt_{m}。

表 4-2　实验数据记录

环境温度 t_0＿＿℃，$d_o =$＿＿mm 时，$n =$＿＿，$l = 2\mathrm{m}$

序号	T_1/℃	T_2/℃	t_1/℃	t_2/℃	Q_t/kW	Q_s/kW	ΔQ/kW	Δt_{m}/℃
1								
2								
3								

续表

序号	T_1 /℃	T_2 /℃	t_1 /℃	t_2 /℃	Q_t /kW	Q_s /kW	ΔQ /kW	Δt_m /℃
4								
5								
6								
7								
8								
9								
10								

4.2.7　注意事项

（1）实验期间要观察冷-热水箱充水情况，禁止水泵无水运行。

（2）冷、热水泵启动前应先排净空气进行灌泵。

4.2.8　实验报告要求

（1）简述实验目的、实验原理、实验装置及实验过程。

（2）填写实验数据记录表，并进行数据处理计算。

（3）以平均温差为横坐标，热流体放出的热量和热损失为纵坐标作图，并对曲线进行分析。

（4）回答思考题。

4.2.9　思考题

（1）热量是如何损失的？怎样才能减少损失？

（2）在工程上，很多换热器都采用逆流传热，为什么？

4.3　流体传热系数测定实验

4.3.1　目的和要求

（1）掌握管壳式换热器传热系数的测定方法。

（2）测定管壳式换热器的总传热系数。

4.3.2　实验内容

在换热器热流体温度、流量和冷流体温度恒定的工况下，依次改变冷流体的流量，测量管、壳程进出口温度的变化，计算换热器的换热系数。

4.3.3　实验设施设备

换热器综合实验系统 HETS-2.0。

4.3.4　实验原理

换热器工作时，冷、热流体分别处在换热管的两侧，热流体把热量通过管壁传给冷流体，形成热交换。

换热器的传热速率 Q 为：

$$Q = KA\Delta t_m \tag{4-5}$$

式中　Q——单位时间传热量，W；

　　　K——总传热系数，W/（m^2·K）；

　　　Δt_m——平均温差，K 或 ℃；

　　　A——传热面积，$A = \pi d_o nl$，m^2。

本实验系统中，有两套换热管系统更换。

当 $d_o = 19mm$ 时，$n = 34$，$l = 2m$；

当 $d_o = 25mm$ 时，$n = 22$，$l = 2m$；

对于逆流传热，平均温差为

$$\Delta t_m = \frac{\Delta t_1 - \Delta t_2}{\ln(\Delta t_1 / \Delta t_2)} \tag{4-6}$$

$$\Delta t_1 = T_1 - t_2 \ , \ \Delta t_2 = T_2 - t_1$$

式中　T_1、T_2——热流体的进出口温度，K 或 ℃；

　　　t_1、t_2——冷流体的进出口温度，K 或 ℃。

由式（4-5）可得

$$K = \frac{Q}{A\Delta t_m} \tag{4-7}$$

式中，Q 可由热流体放出的热量或冷流体获取的热量进行计算（可参照实验 4.2）。

4.3.5　实验步骤

除数据采集方式不同外，其他步骤与实验 4.2 相同。

数据采集：保持换热器热流体温度、流量和冷流体温度恒定的工况下，依次改变冷流体的流量，待相应温度基本稳定后，记录不同时刻的相关数据，包括管程进/出口温度、壳程进/出口温度，计算换热器的换热系数。

4.3.6　实验数据记录与整理

保持热流体流量 V_t 及热流体的进口温度 T_1 不变，改变冷流体流量 V_s，测量冷流体的进出口温度 t_1、t_2 及热流体的出口温度 T_2，填入表 4-3 中，按式（4-1）～式（4-4）计算 Q_t、Q_s、ΔQ 和 Δt_m。

表 4-3　实验数据记录

环境温度 t_0 ＿＿℃，$d_0 = $ ＿＿mm 时，$n = $ ＿＿，$l = 2$m，$A = $ ＿＿＿m²

序号	T_1/℃	T_2/℃	t_1/℃	t_2/℃	Q_t/kW	Q_s/kW	ΔQ/kW	Δt_m/℃	K/[W/(m²·K)]
1									
2									
3									
4									
5									
6									
7									
8									
9									
10									

4.3.7　注意事项

（1）实验期间要观察冷-热水箱充水情况，禁止水泵无水运行。

（2）冷、热水泵启动前应先排净空气进行灌泵。

4.3.8　实验报告要求

（1）简述实验目的、实验原理、实验装置及实验过程。

（2）填写实验数据记录表，并进行数据处理计算。

（3）以冷流体流量为横坐标，总传热系数为纵坐标作 V_s-K 图，并对曲线进行分析。

（4）回答思考题。

4.3.9　思考题

（1）总传热系数 K 与流体流量有何关系？

（2）提高平均温差对传热系数有何影响？

4.4　换热器管程和壳程压力降测定实验

4.4.1　目的和要求

（1）测定管壳式换热器管程和壳程压力损失。

（2）分析压力损失与流速的关系。

4.4.2　实验内容

依次改变冷流体流量，测量冷流体在不同流量下壳程进出口压力的变化，计算流经换热器壳程的压力损失；再依次改变热流体流量，测量热流体在不同流量下管程进出口压力的变化，计算流经换热器管程的压力损失。

4.4.3　实验设施设备

换热器综合实验系统 HETS-2.0。

4.4.4　实验原理

流体流经换热器时会出现压力损失，包括流体在流道中的损失和流体进出口处的局部损失。通过测量管程流体的进口压力 p_{t1} 和出口压力 p_{t2}，便可得到管程流体流经换热器的总压力损失 $\Delta p_t = p_{t1} - p_{t2}$。

通过测量壳程流体的进口压力 p_{s1} 和出口压力 p_{s2}，便可得到壳程流体流经换热器总压力损失 $\Delta p_s = p_{s1} - p_{s2}$。

4.4.5　实验步骤

除数据采集方式不同外，其他步骤与实验 4.2 相同。

数据采集方式如下：

（1）热水箱温度加热到设定值后，开启阀门 K9、K10，按下控制柜"热水泵合"，调节 K9 改变热水流量 V_t，记录不同时刻的管程进出口压力。结束后关闭阀门 K9、K10。

（2）开启阀门 K6、K7，按下控制柜"冷水泵合"按钮，调节 K6 改变冷水流量 V_s，记录不同时刻的壳程进出口压力。结束后关闭阀门 K6、K7。

4.4.6　实验数据记录与整理

分别改变热流体流量 V_t 和冷流体流量 V_s，测量热冷流体的进出口压力，填入表 4-4 中，计算 Δp_t 和 Δp_s。

表 4-4　实验数据记录

环境温度 t_0＿＿＿℃ , $d_0 =$ ＿＿＿mm 时, $n =$ ＿＿＿, $l = 2m$

序号	管程				壳程			
	V_t /(m³/h)	p_{t1} /kPa	p_{t2} /kPa	Δp_t /kPa	V_s /(m³/h)	p_{s1} /kPa	p_{s2} /kPa	Δp_s /kPa
1								
2								
3								
4								
5								

4.4.7　注意事项

（1）实验期间要观察冷-热水箱充水情况，禁止水泵无水运行。

（2）冷、热水泵启动前应先排净空气进行灌泵。

4.4.8　实验报告要求

（1）简述实验目的、实验原理、实验装置及实验过程。

（2）填写实验数据记录表，并进行数据处理计算。

（3）以流量为横坐标，压力损失为纵坐标作 Δp_t-V_t 图和 Δp_s-V_s 图，并对曲线进行分析。

（4）回答思考题。

4.4.9　思考题

（1）如何降低换热器中的阻力损失？

（2）管程压力降由几项组成，各项理论上是如何计算的？

4.5　换热器拆装实验

4.5.1　目的和要求

（1）通过结构拆装，了解固定管板式换热器的结构特点。

（2）通过结构拆装，了解换热器的密封及连接方式。

（3）通过结构拆装，改变换热器管径，了解换热器管板布管方式及其特点。

（4）通过改变换热器管径，再次测试传热系数和压力降，分析管径对换热器性能的影响。

4.5.2　实验内容

拆装换热器管程结构，改变换热器管径，再次测定传热系数和压力降，分析管径对换热器性能的影响。

4.5.3　实验设施设备

换热器综合实验系统 HETS-2.0。

4.5.4　实验原理

换热器综合实验系统 HETS-2.0 中的固定管板式换热器为了适应实验需求，换热管和管板未采用固定连接，仅仅采用 O 形密封圈连接；管板与壳程筒体也采用的是法兰连接结构。

4.5.5　实验步骤

（1）开启阀门 K4、K5、K6，即可排除热水箱、换热器及管道中的存水，存水排放完毕后关闭相应阀门。

（2）拆除管箱管程接管进出口法兰连接结构。

（3）拆除管箱与管板、壳程筒体法兰连接结构，取下左右管箱和管箱密封圈。

（4）先拆除左右管板 1 和密封圈，再依次拆除换热管外 O 形密封圈。

（5）将管板 2、密封圈连同换热管管束从壳程筒体中取出。

（6）依次将另一管径的换热管管束系统按与拆卸相反的次序安装。

（7）分别打开冷水泵和热水泵，检查换热器管壳程密封情况，看看是否有内泄和外泄。

（8）再次按实验 4.2～4.4 进行实验测试，并记录实验数据。

4.5.6　实验数据记录整理

（1）保持热流体流量 V_t 及热流体的进口温度 T_1 不变，改变冷流体流量 V_s，测量冷流体的进出口温度 t_1、t_2 及热流体的出口温度 T_2，填入表 4-5 中，按式（4-1）～式（4-4）计算 Q_t、Q_s、ΔQ 和 Δt_m。

表 4-5　实验数据记录

环境温度 t_0____ ℃ , d_o = ____mm 时，n = ____ , l = 2m , A = ____m²

序号	T_1/℃	T_2/℃	t_1/℃	t_2/℃	Q_t/kW	Q_s/kW	ΔQ/kW	Δt_m/℃	K/[W/(m²·K)]
1									
2									
3									
4									
5									
6									

（2）分别改变热流体流量 V_t 和冷流体流量 V_s，测量热冷流体的进出口压力，填入表 4-6 中，计算 Δp_t 和 Δp_s。

表 4-6　实验数据记录

环境温度 t_0____ ℃ , d_o = ____mm 时，n = ____ , l = 2m

序号	管程				壳程			
	V_t/(m³/h)	p_{t1}/kPa	p_{t2}/kPa	Δp_t/kPa	V_s/(m³/h)	p_{s1}/kPa	p_{s2}/kPa	Δp_s/kPa
1								
2								
3								
4								
5								

4.5.7　注意事项

（1）注意拆装过程中，各密封元件特别是螺栓连接结构和密封圈要均匀用力。

（2）实验期间要观察冷-热水箱充水情况，禁止水泵无水运行。

（3）冷、热水泵启动前应先排净空气进行灌泵。

4.5.8 实验报告要求

（1）简述实验目的、实验原理、实验装置及实验过程。

（2）填写实验数据记录表，并进行数据处理计算。

（3）将所得数据与前两个实验比较，分析比较结果。

（4）回答思考题。

4.5.9 思考题

（1）固定管板式换热器管程结构有哪些？

（2）管径对换热器的性能有何影响？

第**2**篇

过程控制类
实验

第**5**章 单片机应用技术实验

5.1 TKSCM-1 单片机开发综合实验装置使用说明

　　TKSCM-1 型单片机开发综合实验装置由实验桌、左右两块 PCB 板及为进行实验需要而配备的 G6W 伟福仿真器、荣达 MP-A16-8 型微型打印机组成。两块 PCB 板上设计了 22 个实验模块，其中基础实验模块 18 个，应用实验模块 4 个，此外还配置了烧录器、低频正弦波信号发生器、频率计、数字式直流电压表、指针式电压表以及直流稳压电源，整套装置布局合理。下面主要列出使用说明及在实验中应注意的问题。

5.1.1　使用说明

（1）打开两块 PCB 板上的电源开关，分别合上±5V、±12V 电源的拨动开关，则可以用实验台上提供的直流电压表测量相应的电压，以验证电源的正确性。注意两块大板的±5V 与±12V 电源不共地线。

（2）装置中左边 PCB 板主要是为完成单片机基础实验设计的。在实验中用户可以先试用已烧好的演示程序，测试硬件。实验时再接仿真器，按实验指导书的要求进行仿真实验。

（3）装置中右边 PCB 板主要是 A/D、D/A 转换模块、打印机模块以及为完成单片机的应用实验而设计的四个应用性实验模块，每一个应用实验都有一个演示程序。用户可以按照实验指导书上的应用程序示例部分进行操作。

（4）当左右两块 PCB 板同时使用时，应把±5V 电源的地线用锁紧线相连。

5.1.2　注意事项

（1）整套装置使用过程中，必须要保证面板清洁、干净，无多余导线及杂物，以免引起短路故障。

（2）在右边 PCB 板的应用实验中，当做某一单元实验时，必须切断其他部分的电源，以减轻电源的负担，防止各部分之间产生电源干扰。

（3）使用仿真器，在换做一个实验时，应拔下仿真器电源，过一会儿，再插上电源，以便使仿真器复位。

（4）在插拔仿真器时，必须在各电源开关断开的情况下进行。

（5）仿真器、烧录器、微型打印机应分别参照其使用说明书使用。

（6）±5V、±12V 电源均有短路保护功能，但尽量不要使其长期处于短路状态。

（7）面板上所有的元器件，特别是电容和晶振等，不要随意拨动，以免折断。

5.2　存储器块清零

5.2.1　目的和要求

（1）掌握仿真软件的使用方法。
（2）掌握存储器读写方法。
（3）了解存储器的块操作。
（4）了解单片机编程调试方法。

5.2.2　实验内容

指定存储器中某块的起始地址和长度，要求能将其内容清零。

5.2.3　实验设施设备

TKSCM-1 型单片机开发综合实验装置。

5.2.4　实验说明

（1）单片机的内部资源

作为单片机用户，单片机提供给读者使用的东西，主要有三大资源。

① Flash——程序存储空间。早期单片机为 OTPROM（One Time Programmable Read-Only Memory）。

这个概念类似于计算机的硬盘，保存了电影、文档、音乐等文件，把电源关掉后，下次重新开计算机，所有的文件都还照样存在。

② RAM——数据存储空间。单片机的数据存储空间，用来存储程序运行过程中产生和需要的数据。

这个概念类似于计算机的内存，其实最典型的比喻是计算器，用计算器计算加减法，一些中间的数据都会保存在 RAM 里边，断电后数据丢失，所以每次打开计算器都是从归零开始计算，但是它的优点是读写速度非常快，理论上可无限次写入。

③ SFR——特殊功能寄存器。单片机有很多功能，每个功能都会对应一个或多个 SFR，用户就是通过对 SFR 的读写来实现单片机的多种多样的功能。

（2）起始指令

ORG *nn*

作用：改变汇编器的地址计数器初值，指示此后面的程序或数据块以 *nn* 为起始地址连续存放在 RAM 中。例如：ORG　1000H，指示后面的程序或数据块以 1000H 为起始地址连续存放。

5.2.5　实验程序框图

实验程序流程框图如图 5-1 所示。

5.2.6　实验步骤

（1）启动计算机，打开伟福仿真软件，进入仿真环境。首先进行仿真器设置，点击主菜单的仿真器选项，选择仿真器设置，或者可直接点击仿真器设置快捷按钮，打开仿真器设置窗口，在仿真器标签里选择使用伟福软件模拟器。

（2）打开 TH1.ASM 源程序，进行编译。点击项目菜单，选择全部编译。编译无误后，打开数据窗口，选择外部数据存储器窗口 XDATA，拖动 XDATA 窗口的滚动条，使地址 8000H 出现在窗口上，观察 8000H 起始的 256 个字节单元的内容，若全为 0，则点击各单元，用键盘输入不为 0 的值。执行程序，点击全速执行快捷按钮，点击暂停按钮，观察存储块数据的变化情况，256 个字节全部清零（红色）。点击复位按钮，可再次运行程序。

（3）打开 CPU 窗口，选择单步或跟踪执行方式运行程序，观察 CPU 窗口各寄存器的变化，可以看到程序执行的过程，加深对实验的了解。

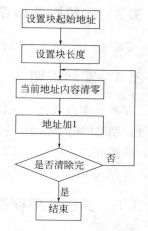

图 5-1　存储器块清零流程框图

5.2.7　实验报告要求

（1）简述实验目的、实验原理、实验装置及实验过程。

（2）绘制程序流程图、书写源代码，重要语句有注释，函数需说明功能，入口与出口。

（3）回答思考题。

5.2.8　思考题

如何将存储器块的内容设置成某固定值（例全填充为 0FFH）？请用户修改程序，完成此操作。

5.3　二进制到 BCD 码的转换

5.3.1　目的和要求

（1）掌握简单的数值转换算法。

（2）基本了解数值的各种表达方式。

5.3.2　实验内容

对累加器 A 进行赋值将值拆为三个 BCD 码。

5.3.3　实验设施设备

TKSCM-1 型单片机开发综合实验装置。

5.3.4　实验说明

单片机中的数值有各种表达方式，这是单片机的基础。掌握各种数制之间的转换是一种基本功。本实验将给定的一个二进制数，转换成二十进制（BCD）码。将累加器 A 的值拆为三个 BCD 码，并存入 RESULT 开始的三个单元，例程 A 赋值♯123。

5.3.5　实验程序框图

实验程序框图见图 5-2。

5.3.6　实验步骤

（1）启动计算机，打开伟福仿真软件，进入仿真环境。首先进行仿真器设置，选择使用伟福软件模拟器。

（2）打开 TH2. ASM 源程序进行编译，编译无误后，全速运行程序，打开数据窗口（DATA），点击暂停按钮，观察地址 30H，31H，32H 的数据变化，30H 更新为 01，31H 更新为 02，32H 更新为 03，用键盘输入改变地址

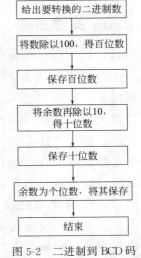

图 5-2　二进制到 BCD 码的转换流程框图

30H、31H、32H 的值，点击复位按钮后，可再次运行程序，观察其实验效果。修改源程序中给累加器 A 的赋值，重复实验，观察实验效果。

（3）打开 CPU 窗口，选择单步或跟踪执行方式运行程序，观察 CPU 窗口各寄存器的变化，可以看到程序执行的过程，加深对实验的了解。

5.3.7　实验报告及要求

（1）简述实验目的、实验原理、实验装置及实验过程。

（2）绘制程序流程图、书写源代码，重要语句有注释，函数需说明功能，入口与出口。

（3）回答思考题。

5.3.8　思考题

试将 BCD 转换成二进制码。

5.4　P1 口输入、输出实验

5.4.1　目的和要求

（1）学习 P1 口的使用方法。

（2）学习延时子程序的编写和使用。

5.4.2　实验内容

P1 口做输出口，接八只发光二极管，编写程序，使发光二极管循环点亮。P1.0、P1.1 作输入口接两个拨动开关，P1.2、P1.3 作输出口，接两个发光二极管，编写程序读取开关状态，将此状态在发光二极管上显示出来。

5.4.3　实验设施设备

TKSCM-1 型单片机开发综合实验装置。

5.4.4　实验说明

（1）P1 口是准双向口，它作为输出口时与一般的双向口使用方法相同，由准双向口结构可知当 P1 口用为输入口时，必须先对它置"1"。若不先对它置"1"，读入的数据是不正确的。

（2）延时子程序的延时计算。

对于延时的程序

```
DELAY：MOV   R6，#00H
DELAY1：MOV   R7，#80H
        DJNZ   R7，$
DJNZ   R6，DELAY1
```

查指令表可知 MOV、DJNZ 指令均需用两个机器周期，而一个机器周期时间长度为 12/ 6.0MHz，所以该段指令执行时间为：

$$(((128+1) \times 256)+1) \times 2 \times (12 \div 6000000) = 0.1321s = 132.1ms$$

5.4.5　实验原理图

实验原理接线图如图 5-3 所示。

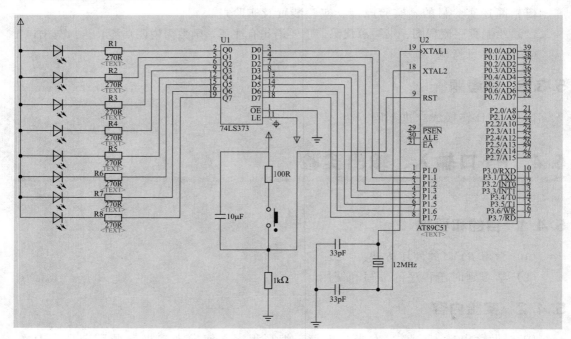

图 5-3　实验原理接线图

5.4.6　实验程序框图

实验程序框图如图 5-4 所示。

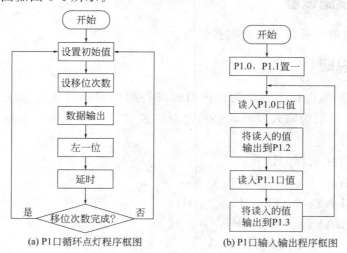

(a) P1口循环点灯程序框图　　(b) P1口输入输出程序框图

图 5-4　实验程序框图

5.4.7　实验步骤

（1）P1 口循环点灯

① 用 P1 口做输出口，接八位发光二极管，程序功能使发光二极管单只从右到左轮流循环点亮。

② 在实验台上找到本次实验使用的模块，可选用 89C51 单片机最小应用系统模块。关闭该模块电源，用十字线扁平插头连接单片机 P1 口与八位发光二极管显示模块。

③ 安装好仿真器，用串行数据通信线连接计算机与仿真器，把仿真头插到模块的单片机插座中，打开模块电源，插上仿真器电源插头。

④ 启动计算机，打开伟福仿真软件，进入仿真环境。首先进行仿真器的设置，选择仿真器型号、仿真头型号、CPU 类型；选择通信端口，点击测试串行口，通信成功即可退出设置，进行仿真。

⑤ 打开 TH7A. ASM 源程序，进行编译。编译无误后，点击全速执行按钮运行程序，观察发光二极管显示情况。发光二极管单只从右到左轮流循环点亮。

⑥ 把串行通信线改接到烧录器上，插入 AT89C51 芯片，打开烧录器电源。打开 A51 软件，把源程序编译成可执行文件，关闭伟福仿真软件，打开 BCQ 软件，把可执行文件烧录到 89C51 芯片中。取下仿真头，把烧录好的 89C51 芯片插到模块中，打开电源，观察发光二极管显示情况，判断程序是否正常运行。

（2）P1 口输入输出程序

① 用 P1.0、P1.1 作输入接两个拨断开关，P1.2、P1.3 作输出接两个发光二极管。程序读取开关状态，并在发光二极管上显示出来。

② 用导线连接 P1.0、P1.1 到两个拨断开关，P1.2、P1.3 到两个发光二极管。

③ 打开 TH7B. ASM 源程序，编译无误后，全速运行程序，拨动拨断开关，观察发光二极管的亮灭情况。向上拨为点亮，向下拨为熄灭。

④ 可把源程序编译成可执行文件，再烧录到 89C51 芯片中。

5.4.8　实验报告要求

（1）简述实验目的、实验原理、实验装置及实验过程。

（2）绘制程序流程图、书写源代码，重要语句有注释，函数需说明功能，入口与出口。

（3）回答思考题。

5.4.9　思考题

对于本实验延时子程序

```
DELAY:      MOV   R6，0
            MOV   R7，0
DELAYLOOP:
            DJNZ   R6，DELAYLOOP
            DJNZ   R7，DELAYLOOP
            RET
```

本模块使用 12MHz 晶振，计算此程序的执行时间为多少？

5.5　8255 输入、输出实验

5.5.1　目的和要求

（1）了解 8255 芯片结构及接口方式。

（2）掌握 8255 输入、输出的编程方法。

5.5.2　实验内容

（1）PA 口作为输出口，接 8 位发光二极管，程序功能使发光二极管单只从右到左轮流循环点亮。

（2）PA 口作为输出口，PB 口作为输入口，PA 口作为输出口，PB 口作为输入口，PA 口读入键信号送发光二极管模块显示。

5.5.3　实验设施设备

TKSCM-1 型单片机开发综合实验装置。

5.5.4　实验说明

8255 是可编程的并行输入/输出接口芯片，通用性强且使用灵活。8255 按功能可分为三部分，即总线接口电路、口电路和控制逻辑电路。

① 口电路：8255 共有三个八位口，其中 A 口和 B 口是单纯的数据口，供数据 I/O 口使用。

② 总线接口电路：它用于实现 8255 和单片机芯片的信号连接。

CS——片选信号；RD——读信号；WR——写信号；A0、A1——端口选择信号。8255 共有四个可寻址的端口，用二位编码可以实现。

③ 控制逻辑电路：它是控制寄存器，用于存放各口的工作方式控制字。

本实验是利用 8255 可编程并行口芯片，实现数据的输入、输出。可编程通用接口芯片 8255A 有三个八位的并行的 I/O 口，它有三种工作方式。本实验采用的方式为 0：PA 口输出，PB 口输入。工作方式 0 是一种基本的输入输出方式。在这种方式下，三个端口都可以由程序设置为输入或输出，其基本功能可概括如下：可具有两个八位端口（A、B）和两个 4 位端口（C 口的上半部分和下半部）。数据输出时可以锁存，输入时不需要锁存。

本实验中，8255 的端口地址由单片机的 P0.0、P0.1 和 P2.7 决定。控制口的地址为 7FFFH；A 口地址为 7CFFH；B 口地址为 7DFFH；C 口地址为 7EFFH。

5.5.5　实验原理图

实验原理接线图如图 5-5 所示。

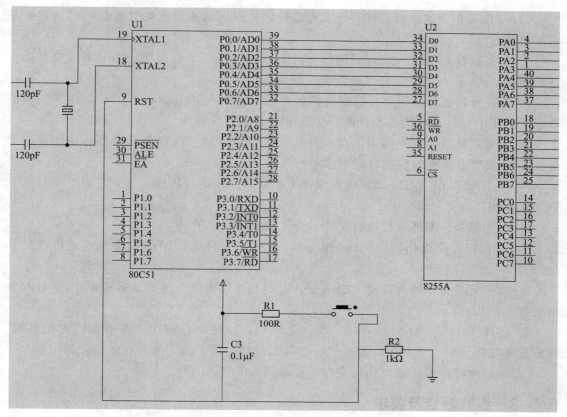

图 5-5　实验原理接线图

5.5.6　实验程序框图

实验程序框图如图 5-6。

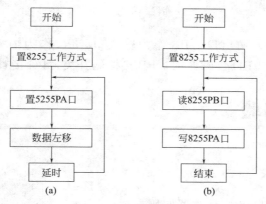

图 5-6　实验程序框图

5.5.7　实验步骤

本实验分两种情况来进行。

（1）PA 口作为输出口，接 8 位发光二极管，程序功能使发光二极管单只从右到左轮流循环点亮。

① 在实验台上找到 8255A 可编程并行 I/O 扩展接口实验模块，用十字线扁平插头连接 8255APA 口与 8 位发光二极管显示模块。

② 安装好仿真器，用串行数据通信线连接计算机与仿真器，把仿真头插到模块的单片机插座中，打开模块电源，插上仿真器电源插头。

③ 启动计算机，打开伟福仿真软件，进入仿真环境。选择仿真器型号、仿真头型号、CPU 类型；选择通信端口，测试串行口。

④ 打开 TH15A. ASM 源程序，编译无误后，全速运行程序。发光二极管单只从右到左轮流循环点亮。

⑤ 可把源程序编译成可执行文件，烧录到 89C51 芯片中。

（2）PA 口作为输出口，PB 口作为输入口，PA 口读入键信号送发光二极管模块显示。

① 用十字线扁平插头连接 8255A 的 PA 口与 8 位发光二极管显示模块，PB 口与查询式键盘模块。

② 打开 TH15B. ASM 源程序，编译无误后，全速运行程序。按查询式键盘各键，观察发光二极管的亮灭情况，发光二极管与按键相对应，按下为点亮，松开为熄灭。

③ 可把源程序编译成可执行文件，烧录到 89C51 芯片中。

5.5.8　实验报告及要求

（1）简述实验目的、实验原理、实验装置及实验过程。

（2）绘制程序流程图、书写源代码，重要语句有注释，函数需说明功能，入口与出口。

（3）回答思考题。

5.5.9　思考题

试用 8255PA 口作为输出口，PB 作为输入口，PC 作为输入口完成 8255 的输入、输出实验（其中 PA 口 LED 数码显示，PB 接拨码开关，PC 接查询式键盘实验模块）。

5.6　计数器实验

5.6.1　目的和要求

（1）学习 8031 内部定时/计数器使用方法。
（2）学习计数器各种工作方式的用法。

5.6.2　实验内容

通过设置计数器的工作方式，对 P1 口脉冲进行计数。

5.6.3　实验设施设备

TKSCM-1 型单片机开发综合实验装置。

5.6.4　实验说明

（1）8031 内部有两个定时/计数器 T0 和 T1，16 位是指定时/计数器内的计数器是 16 位的，由 2 个 8 位计数器组成。本实验用的是 T0，它的 2 个 8 位计数器 TH0 和 TL0，TH0 是高 8 位，TL0 是低 8 位。所谓加法计数器，指其计数的方法是对计数脉冲每次加 1。在其他单片机和可编程计数器芯片中，有的计数器是减法计数器，即先设置计数器的初值，然后对计数器脉冲每次减 1，减到 0，计数器溢出。而 8031 内部的计数器是加法计数器，需先设置计数器的初值，本实验设置计数器初值为 0，然后对计数脉冲每次加 1，加到计数器满后溢出。

（2）本实验中内部计数器起计数器的作用。外部事件计数脉冲由 P3.4 引入定时器 T0。单片机在每个机器周期采样一次输入波形，因此单片机至少需要两个机器周期才能检测到一次跳变。这就要求被采样电平至少维持一个完整的机器周期，以保证电平在变化之前即被采样。这就决定了输入波形的频率不能超过机器周期频率。

5.6.5　实验原理图

计数器实验原理接线图如图 5-7 所示。

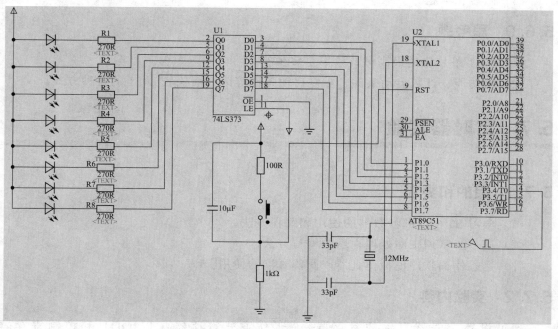

图 5-7　计数器实验原理接线图

5.6.6　实验程序框图

实验程序框图如图 5-8 所示。

5.6.7　实验步骤

（1）T0 接外部脉冲输入，P1 口接 8 位发光二极管显示模块，脉冲个数以二进制形式显示出来。

（2）选用 89C51 单片机最小应用系统模块，用十字线扁平插头连接 P1 口与 8 位发光二极管显示模块，T0 端口接单次脉冲电路的输出端。

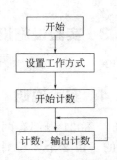

图 5-8　计数器实验程序框图

（3）安装好仿真器，用串行数据通信线连接计算机与仿真器，把仿真头插到模块的单片机插座中，打开模块电源，插上仿真器电源插头。

（4）启动计算机，打开伟福仿真软件，进入仿真环境。选择仿真器型号、仿真头型号、CPU 类型；选择通信端口，测试串行口。

（5）打开 TH21.ASM 源程序，编译无误后全速运行程序，连续按动单次脉冲发生电路的按键，8 位发光二极管显示按键次数。

（6）可把源程序编译成可执行文件，烧录到 89C51 芯片中。

5.6.8　实验报告要求

（1）简述实验目的、实验原理、实验装置及实验过程。

（2）绘制程序流程图、书写源代码，重要语句有注释，函数需说明功能，入口与出口。

（3）回答思考题。

5.6.9　思考题

（1）8051 单片机的最高计数频率是多少？

（2）由功能、计数启动条件、重复启动条件等诸方面比较 8051 的各种方式。

5.7　定时器实验

5.7.1　目的和要求

（1）学习 8051 内部计数器的使用和编程方法。

（2）进一步掌握中断处理程序的编写方法。

（3）熟悉伟福软件模拟仿真器以及仿真器的使用。

5.7.2　实验内容

通过设置定时器有关的寄存器——工作方式寄存器（TMOD）和控制寄存器（TCON），设置定时时间为 1s 的定时中断程序。

5.7.3　实验设施设备

TKSCM-1 型单片机开发综合实验装置。

5.7.4　实验说明

（1）关于内部计数器的编程主要是定时常数的设置和有关控制寄存器的设置。内部计数器在单片机中主要有定时器和计数器两个功能。本实验使用的是定时器，定时为 1s。CPU运用定时中断方式，实现每一秒钟输出状态发生一次反转，即发光管每隔一秒钟亮一次。

（2）定时器有关的寄存器有工作方式寄存器（TMOD）和控制寄存器（TCON）。TMOD 用于设置定时器/计数器的工作方式 0-3，并确定用于定时还是用于计数。TCON 主要功能是为定时器在溢出时设定标志位，并控制定时器的运行或停止等。

（3）内部计数器用作定时器时，是对机器周期计数。每个机器周期的长度是 12 个振荡器周期。因为实验系统的晶振是 6MHz，本程序工作于方式 2，即 8 位自动重装方式定时器，定时器 100μs 中断一次，所以定时常数的设置可按以下方式计算：

$$机器周期＝12÷6MHz＝2μs$$

$$（256－定时常数）×2μs＝100μs$$

定时常数＝206。然后对 100μs 中断次数计数 10000 次，就是 1s。

在本实验的中断处理程序中，因为中断定时常数的设置对中断程序的运行起到关键作用，所以在置数前要先关对应的中断，置数完之后再打开相应的中断。

5.7.5　实验原理图

定时器实验原理接线图如图 5-9 所示。

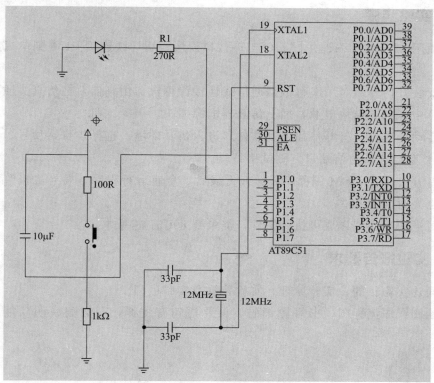

图 5-9　定时器实验原理接线图

5.7.6　实验程序框图

计数器实验程序框图如图 5-10 所示。

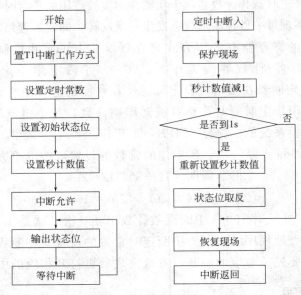

图 5-10　计数器实验程序框图

5.7.7　实验步骤

（1）使用 8255A 可编程并行 I/O 扩展接口模块，用导线连接 P1.0 到单只发光二极管上。

（2）安装好仿真器，用串行数据通信线连接计算机与仿真器，把仿真头插到模块的单片机插座中，打开模块电源，插上仿真器电源插头。

（3）启动计算机，打开伟福仿真软件，进入仿真环境。选择仿真器型号、仿真头型号、CPU 类型；选择通信端口，测试串行口。

（4）打开 TH22.ASM 源程序，编译无误后，全速运行程序，发光二极管隔一秒点亮一次，点亮时间为 1s。

（5）可把源程序编译成可执行文件，烧录到 89C51 芯片中。

5.7.8　实验报告要求

（1）简述实验目的、实验原理、实验装置及实验过程。

（2）绘制程序流程图、书写源代码，重要语句有注释，函数需说明功能，入口与出口。

（3）回答思考题。

5.7.9　思考题

（1）如何将 LED 的状态间隔改为 2s，程序如何改写？

（2）如果更换不同频率的晶振，会出现什么现象？如何调整程序？

5.8　电子时钟实验

5.8.1　目的和要求

（1）进一步掌握定时器的使用和编程方法。

（2）进一步掌握中断处理程序的编程方法。

（3）进一步掌握数码显示电路的驱动方法。

（4）进一步掌握 I/O 的扩展方法。

（5）熟悉伟福软件模拟仿真器以及仿真器的使用。

5.8.2　实验内容

利用定时器和显示电路来设计一个电子时钟。

5.8.3　实验设施设备

TKSCM-1 型单片机开发综合实验装置。

5.8.4　实验说明

本实验是利用 CPU 的定时器和实验台上提供的数码显示电路，设计一个电子时钟，格式如下：

×× 　×× 　××由左向右分别为：时、分、秒

本实验使用的是单片机内部计数器的定时器功能，有关设置主要针对定时器/计数器工作方式寄存器 TMOD。具体为：工作方式选择位，设置为方式 2；计数/定时方式选择位，设置为定时器工作方式。

定时器每 $100\mu s$ 中断一次，在中断服务程序中，对中断次数进行计数，$100\mu s$ 计数 10000 次就是 1s。然后再对秒计数得到分和小时值，并送入显示缓冲区。

本实验使用 8155 扩展 I/O 口，PA 口输出字段码，PB 口输出位码。显示驱动电路使用 74LS245 和 74LS06，分别作为字段和位段的驱动。

5.8.5　实验原理

电子时钟实验原理接线图如图 5-11。

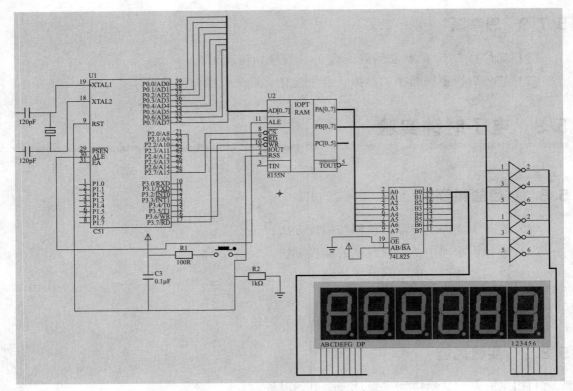

图 5-11 电子时钟实验原理接线图

5.8.6 实验程序框图

实验程序框图如图 5-12 所示。

5.8.7 实验步骤

（1）使用 8155 并行 I/O 扩展接口模块，用十字线扁平插头连接 8155PA 口、PB 口到动态扫描显示模块的段码、位码插口。

（2）安装好仿真器，用串行数据通信线连接计算机与仿真器，把仿真头插到模块的单片机插座中，打开模块的电源，插上仿真器电源插头。

（3）启动计算机，打开伟福仿真软件，进入仿真环境。选择仿真器型号、仿真头型号、CPU 类型；选择通信端口，测试串行口。

（4）打开 TH32.ASM 源程序，编译无误后，全速运行程序，6LED 数字显示时、分、秒值。

（5）可把源程序编译成可执行文件，烧录到 89C51 芯片中。

5.8.8 实验报告要求

（1）简述实验目的、实验原理、实验装置及实验过程。

（2）绘制程序流程图、书写源代码，重要语句有注释，函数需说明功能，入口与出口。

（3）回答思考题。

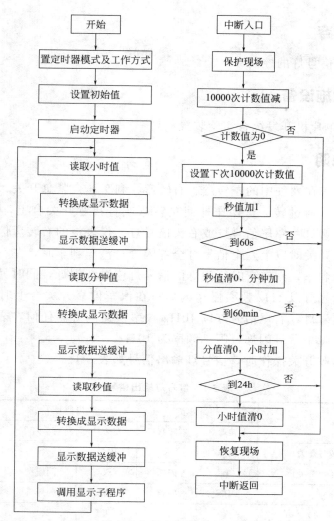

图 5-12　电子时钟实验主程序框图和定时中断子程序框图

5.8.9　思考题

(1) 当改变设置计数值的时候，如何修改定时常数？

(2) 如果更换不同频率的晶振，会出现什么现象，如何调整程序？

5.9　汽车转弯信号灯控制实验

5.9.1　目的和要求

(1) 掌握 51 系列单片机的常用指令。

(2) 熟练地编写 51 系列单片机的分支程序和一些子程序，如延时子程序。

5.9.2　实验内容

模拟汽车转弯信号灯的控制。

5.9.3　实验设施设备

TKSCM-1 型单片机开发综合实验装置。

5.9.4　实验说明

本实验模拟汽车在驾驶中的左转弯、右转弯、刹车、合紧急开关、停靠等操作。在左转弯或右转弯时，通过转、弯操作杆使左转弯或右转弯开关合上，从而使左头信号灯、仪表板的左转弯灯、左尾信号灯或右头信号灯、仪表板的右转弯信号灯、右尾信号灯闪烁；闭合紧急开关时以上六个信号灯全部闪烁；汽车刹车时，左右两个尾信号灯点亮；若正当转弯时刹车，则转弯时原闪烁的信号灯应继续闪烁，同时另一个尾信号灯点亮，以上闪烁的信号灯以 1Hz 频率慢速闪烁；在汽车停靠开关合上时左头信号灯、右头信号灯、左尾信号灯、右尾信号灯以 10Hz 频率快速闪烁。任何在表 5-1 中未出现的组合，都将出现故障指示灯闪烁，闪烁频率为 10Hz。

在各种模拟驾驶开关操作时，信号灯输出信号如表 5-1。

表 5-1　信号灯输出信号

驾驶操作	输出信号					
	左转弯灯	右转弯灯	左头灯	右头灯	左尾灯	右尾灯
左转弯（合上左转弯开关）	闪烁	灭	闪烁	灭	闪烁	灭
右转弯（合上右转弯开关）	灭	闪烁	灭	闪烁	灭	闪烁
合紧急开关	闪烁	闪烁	闪烁	闪烁	闪烁	闪烁
刹车（合刹车开关）	灭	灭	灭	灭	亮	亮
左转弯时刹车	闪烁	灭	闪烁	灭	闪烁	亮
右转弯时刹车	灭	闪烁	灭	闪烁	亮	闪烁
刹车时合紧急开关	闪烁	闪烁	闪烁	闪烁	亮	亮
左转弯时刹车合紧急开关	闪烁	闪烁	闪烁	闪烁	闪烁	亮
右转弯时刹车合紧急开关	闪烁	闪烁	闪烁	闪烁	亮	闪烁
停靠（合停靠开关）	灭	灭	闪烁（10Hz）	闪烁（10Hz）	闪烁（10Hz）	闪烁（10Hz）

5.9.5　实验原理图

汽车转弯信号灯的控制原理接线图如图 5-13 所示。

5.9.6　实验程序框图

模拟汽车转弯信号灯的控制程序框图如图 5-14 所示。

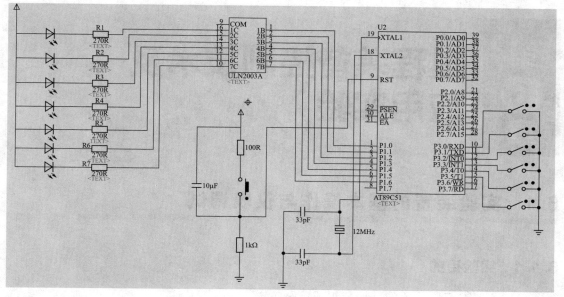

图 5-13 汽车转弯信号灯的控制原理接线图

5.9.7 实验步骤

（1）使用汽车转弯信号灯控制实验模块。

（2）安装好仿真器，用串行数据通信线连接计算机与仿真器，把仿真头插到模块的单片机插座中，打开模块电源，插上仿真器电源插头。

（3）启动计算机，打开伟福仿真软件，进入仿真环境。选择仿真器型号、仿真头型号、CPU 类型；选择通信端口，测试串行口。

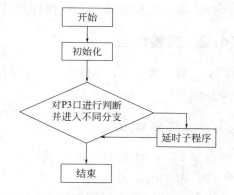

图 5-14 模拟汽车转弯信号灯的控制程序框图

（4）打开 TH35.ASM 源程序，编译无误后，全速运行程序，按表 5-1 中的各种驾驶操作，打开相应开关，观察发光二极管的亮灭与闪烁。

（5）可把源程序编译成可执行文件，烧录到 89C51 芯片中。

5.9.8 实验报告要求

（1）简述实验目的、实验原理、实验装置及实验过程。

（2）绘制程序流程图、书写源代码，重要语句有注释，函数需说明功能，入口与出口。

（3）回答思考题。

5.9.9 思考题

计算各个延时子程序所延长的时间，改变延时子程序所延长的时间并运行程序，观察实验的结果。

过程装备控制技术及应用实验

6.1 实验装置的基本操作与仪表调试

6.1.1 实验目的

（1）了解本实验装置的结构与组成。

（2）掌握液位、压力传感器的使用方法。

（3）掌握实验装置的基本操作与变送器仪表的调整方法。

6.1.2 实验内容

本实验主要通过 TKGK-1 型过程控制实验装置设备组装与检查，进行仪表的零位与增益调节。

6.1.3 实验设备

（1）TKGK-1 型过程控制实验装置；调节器（GK-04）；变频器（GK-07-2）。

（2）万用电表一只。

实验装置的结构框图如图 6-1 所示。

6.1.4 实验步骤

（1）设备组装与检查

① 将 GK-02、GK-03、GK-04、GK-07 挂箱由右至左依次挂于实验屏上。并将挂件的三芯蓝插头插于相应的插座中。

② 先打开空气开关再打开钥匙开关，此时停止按钮红灯亮。

③ 按下启动按钮，此时交流电压表指示为 220V，所有的三芯蓝插座得电。

④ 关闭各个挂件的电源进行连线。

液位、压力、流量控制系统结构框图如图 6-1 所示。

（2）系统接线

① 交流支路 1　将 GK-04 PID 调节器的自动/手动切换开关拨到"手动"位置，并将其"输出"接 GK-07 变频器的"2"与"5"两端（注意：2 正、5 负），GK-07 的输出"A、B、C"接到 GK-01 面板上三相异步电机的"U1、V1、W1"输入端；GK-07

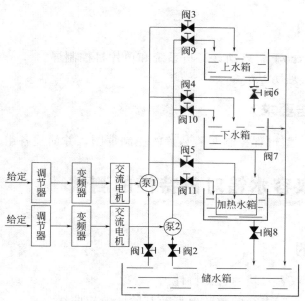

图 6-1　液位、压力、流量控制系统结构框图

的 "SD" 与 "STR" 短接，使电机驱动磁力泵打水（若此时电机为反转，则 "SD" 与 "STF" 短接）。

② 交流支路 2　将 GK-04 PID 调节器的给定 "输出" 端接到 GK-07 变频器的 "2" 与 "5" 两端（注意：2 正、5 负）；将 GK-07 变频器的输出 "A、B、C" 接到 GK-01 面板上三相异步电机的 "U2、V2、W2" 输入端；GK-07 的 "SD" 与 "STF" 短接，使电机正转打水。

（3）仪表调整（仪表的零位与增益调节）

在 GK-02 挂件上面有四组传感器检测信号输出：LT1、PT、LT2、FT（输出标准 DC0～5V），它们旁边分别设有数字显示器，以显示相应水位高度、压力、流量的值。对象系统左边支架上有两只外表为蓝色的压力变送器，当拧开其右边的盖子时，它里面有两个 3296 型电位器，这两个电位器用于调节传感器的零点和增益的大小（标有 ZERO 的是调零电位器，标有 SPAN 的是调增益电位器）。

（4）调试步骤

① 首先在水箱没水时调节零位电位器，使其输出显示数值为零。

② 用交流支路 1 打水（也可以用交流支路 2 打水）：打开阀 1、阀 3、阀 4，关闭阀 5、阀 6、阀 7，然后开启 GK-07 变频器及 GK-04 给定启动三相磁力泵给上、下水箱打水，使其液面均上升至 10cm 高度后停止打水。

③ 看各自表头显示数值是否与实际水箱液位高度相同，如果不相同则要调节增益电位器使其输出大小与实际水箱液位的高度相同，同法调节上、下水箱压力变送器的零位和增益。

④ 按上述方法对压力变送器进行零点和增益的调节，如果一次不够可以多调节几次，使得实验效果更佳。

6.1.5　注意事项

（1）在老师的帮助下，启动计算机系统和单片机控制屏。

（2）注意系统接线方法。

6.1.6　实验报告要求

画出 THKGK-1 型过程控制实验装置的控制框图，并简述各组成部分的作用。

6.2　单容/双容水箱对象特性的测试

6.2.1　实验目的

（1）了解单容/双容水箱的自衡特性。

（2）掌握单容/双容水箱的数学模型及其阶跃响应曲线。

（3）由实测单容/双容水箱液位的阶跃响应曲线，用相关的方法分别确定它们的参数。

6.2.2　实验内容

系统在开环运行状况下，待工况稳定后，通过调节器手动改变对象的输入信号（阶跃信号）。同时，记录对象的输出数据和阶跃响应曲线，然后根据给定对象模型的结构形式，对实验数据进行合理的处理，确定模型中的相关参数。

6.2.3　实验设施设备

（1）TKGK-1 过程控制实验装置。

PID调节器：GK-04；变频器：GK-07-2。

（2）万用表一只。

（3）计算机一台。

6.2.4　实验原理

阶跃响应测试法是系统在开环运行状况下，待工况稳定后，通过调节器手动改变对象的输入信号（阶跃信号）。同时，记录对象的输出数据和阶跃响应曲线，然后根据给定对象模型的结构形式，对实验数据进行合理的处理，确定模型中的相关参数。

图解法是确定模型参数的一种实用方法，不同的模型结构，有不同的图解方法。

（1）单容水箱

其数学模型可用一阶惯性环节来近似描述，且用下述方法求取对象的特征参数。

单容水箱液位开环控制结构框图如图 6-2 所示。

设水箱的进水量为 Q_1，出水量为 Q_2，水箱的液面高度为 h，出水阀 V_2 固定于某一开度值。根据物料动态平衡的关系，求得：

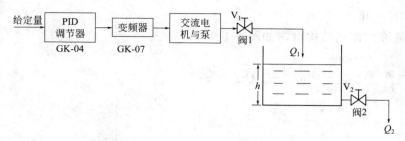

图 6-2 单容水箱液位开环控制结构框图

$$R_2 C \frac{\mathrm{d}\Delta h}{\mathrm{d}t} + \Delta h = R_2 \Delta Q$$

在零初始条件下，对上式求拉氏变换，得：

$$G(S) = \frac{H(S)}{Q_1(S)} = \frac{R_2}{R_2 CS + 1} = \frac{K}{TS + 1} \qquad (6\text{-}1)$$

式中　T——水箱的时间常数，$T = R_2 C$（注意：阀 V_2 的开度大小会影响到水箱的时间常数）；

　K，R_2——过程的放大倍数，也是阀 V_2 的液阻；

　C——水箱的底面积。

令输入流量 $Q_1(S) = R_0 / S$，R_0 为常量，则输出液位的高度为：

$$H(S) = \frac{KR_0}{S(TS + 1)} = \frac{KR_0}{S} - \frac{KR_0}{S + 1/T} \qquad (6\text{-}2)$$

即

$$h(t) = KR_0 (1 - \mathrm{e}^{-\frac{1}{T}t}) \qquad (6\text{-}3)$$

当 $t \to \infty$ 时，$h(\infty) = KR_0$，因而有：

$$K = \frac{h(\infty)}{R_0} = \frac{\text{输出稳态值}}{\text{阶跃输入}}$$

当 $t = T$ 时，则有：

$$h(T) = KR_0 (1 - \mathrm{e}^{-1}) = 0.632 KR_0 = 0.632 h(\infty) \qquad (6\text{-}4)$$

式（6-3）表示一阶惯性环节的响应曲线是一单调上升的指数函数，如图 6-3 所示。

由式（6-4）可知该曲线上升到稳态值的 63.2% 所对应的时间，就是水箱的时间常数 T。该时间常数 T 也可以通过坐标原点对响应曲线作切线，此切线与稳态值的交点所对应的时间就是时间常数 T，其理论依据是：

$$\left. \frac{\mathrm{d}h(t)}{\mathrm{d}t} \right|_{t=0} = \left. \frac{KR_0}{T} \mathrm{e}^{-\frac{1}{T}t} \right|_{t=0} = \frac{KR_0}{T} = \frac{h(\infty)}{T} \qquad (6\text{-}5)$$

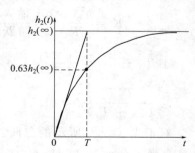

图 6-3 阶跃响应曲线

上式表示 $h(t)$ 若以在原点时的速度 $h(\infty)/T$ 恒速变化，即只要花 T 秒时间就可达到稳态值 $h(\infty)$。

式（6-2）中的 K 值由下式求取：

$$K = h(\infty)/R_0 = \text{输入稳态值/阶跃输入}$$

（2）双容水箱

双容水箱液位控制结构框图如图 6-4 所示。

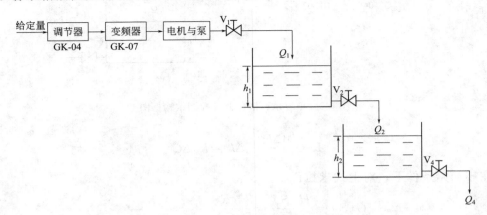

图 6-4　双容水箱液位控制结构框图

设流量 Q_1 为双容水箱的输入量，下水箱的液位高度 H_2 为输出量，根据物料动态平衡关系，并考虑到液体传输过程中的时延，其传递函数为

$$\frac{H_2(S)}{Q_1(S)} = G(S) = \frac{K}{(T_1S+1)(T_2S+1)}e^{-\tau s} \tag{6-6}$$

式中，$K=R_4$，$T_1=R_2C_1$，$T_2=R_4C_2$，R_2、R_4 分别为阀 V_2 和 V_4 的液阻，C_1 和 C_2 分别为上水箱和下水箱的容量系数。式中的 K、T_1 和 T_2 可由实验求得的阶跃响应曲线求出。

具体的做法是在图 6-5 所示的阶跃响应曲线上取：

① $h_2(t)$ 稳态值的渐近线 $h_2(\infty)$；

② $h_2(t)\mid_{t=t_1}=0.4\,h_2(\infty)$ 时曲线上的点 A 和对应的时间 t_1；

③ $h_2(t)\mid_{t=t_2}=0.8\,h_2(\infty)$ 时曲线上的点 B 和对应的时间 t_2。

然后，利用下面的近似公式计算式（6-6）中的

参数 K、T_1 和 T_2。其中：

$$K = \frac{h_2(\infty)}{R_0} = \frac{输入稳态值}{阶跃输入量}$$

④ $T_1 + T_2 \approx \dfrac{t_1 + t_2}{2.16}$

⑤ $\dfrac{T_1 T_2}{(T_1 + T_2)^2} \approx \left(1.74\dfrac{t_1}{t_2} - 0.55\right)$

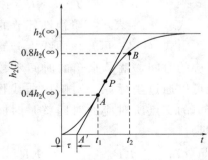

图 6-5　阶跃响应曲线

对于式（6-5）所示的二阶过程，$0.32 < t_1/t_2 <$ 0.46。当 $t_1/t_2 = 0.32$ 时，为一阶环节；当 $t_1/t_2 = 0.46$ 时，过程的传递函数 $G(S)=K/(TS+1)^2$［此时 $T_1=T_2=T=(t_1+t_2)/2\times 2.18$］。

过曲线的拐点作一条切线，它与横轴交于 A' 点，OA' 即为滞后时间常数 τ。

6.2.5　实验步骤

（1）按 GK-02《使用说明》的要求和步骤，对上、下水箱液位传感器进行零点与增益的调整。

（2）按照图 6-2 的结构框图，完成系统的接线，并把 PID 调节器的"手动/自动"开关置于"手动"位置，此时系统处于开环状态。

（3）将单片机控制屏 GK-03 的输入信号端"LT1、LT2"分别接 GK-02 的传感器输出端"LT1、LT2"；用配套通信线将 GK-03 的"串行通信口"与计算机的 COM1 连接；启动单片机控制屏 GK-03，用单片机控制屏 GK-03 的键盘设置回路 1 和回路 3 的采样时间 $St=2$，标尺上限 $CH=150$（详见单片机控制屏 GK-03《使用说明》）；然后用上位机控制监控软件对液位进行监视并记录过程曲线。

（4）利用 PID 调节器的手动旋钮调节输出，将被控参数液位控制在 4cm 左右。

（5）观察系统的被调量——水箱的水位是否趋于平衡状态。若已平衡，记录此时调节器手动输出值 V_0 以及水箱水位的高度 h_1 和显示仪表 LT1 的读数值，并填入表 6-1 中。

表 6-1　水槽液位对象实验数据记录（一）

变频器输出频率 f/Hz	手动输出 V_0/V	水箱水位高度 h_1/cm	LT1 显示值/cm

（6）迅速增调"手动调节"电位器，使 PID 的输出突加 10％，利用上位机监控软件记下由此引起的阶跃响应的过程曲线，并根据所得曲线填写表 6-2。

表 6-2　阶跃响应的过程曲线数据记录（一）

t/s									
水箱水位 h_1/cm									
LT1 读数/cm									

等进入新的平衡状态后，再记录测量数据，并填入表 6-3 中。

表 6-3　水槽液位对象实验数据记录（二）

变频器输出频率 f/Hz	手动输出 V_0/V	水箱水位高度 h_1/cm	LT1 显示值/cm

将"手动调节"电位器回调到步骤（5）前的位置，再用秒表和数字表记录由此引起的阶跃响应过程参数与曲线。根据所得曲线填写表 6-4。

表 6-4　阶跃响应的过程曲线数据记录（二）

t/s									
水箱水位 h_1/cm									
LT1 读数/cm									

(7) 重复上述实验步骤。

(8) 上述实验步骤同样适用于双容水箱的下水箱液位 h_2 的控制。

6.2.6　注意事项

(1) 做本实验过程中，阀 V_1 和 V_2 不得任意改变开度大小；且阀 V_2 开度必须大于阀 V_4 的开度，以保证实验效果。

(2) 阶跃信号不能取得太大，以免影响系统正常运行；但也不能过小，以防止对象特性的不真实性。一般阶跃信号取正常输入信号的 $5\%\sim15\%$。

(3) 在输入阶跃信号前，过程必须处于平衡状态。

(4) 在老师的帮助下，启动计算机系统和单片机控制屏。

6.2.7　实验报告要求

(1) 写出实验目的、实验内容和实验步骤。

(2) 实验数据记录和整理到相应的表格中。

(3) 作出一阶和二阶环节的阶跃响应曲线。

(4) 根据实验原理中所述的方法，求出一阶和二阶环节的相关参数。

(5) 回答思考题。

6.2.8　思考题

(1) 在做本实验时，为什么不能任意变化阀 V_1 或 V_2 的开度大小？

(2) 用两点法和用切线对同一对象进行参数测试，它们各有什么特点？

6.3　单容水箱液位 PID 控制系统

6.3.1　实验目的

(1) 通过实验熟悉单回路反馈控制系统的组成和工作原理。

(2) 研究系统分别用 P、PI 和 PID 调节器时的阶跃响应。

(3) 研究系统分别用 P、PI 和 PID 调节器时的抗扰动作用。

(4) 定性地分析 P、PI 和 PID 调节器的参数变化对系统性能的影响。

6.3.2　实验内容

(1) P、PI 调节器的参数对系统性能的影响。

(2) P、PI 调节器的参数整定。

6.3.3　实验设备

(1) THGK-1 型过程控制实验装置：GK-04，GK-06，GK-07-2。

（2）万用表一只、秒表一只。

（3）计算机系统。

6.3.4　实验原理

单容水箱液位控制系统是一个单回路反馈控制系统，其系统框图和系统结构如图 6-6、图 6-7 所示。它的控制任务是使水箱液位等于给定值所要求的高度；减小或消除来自系统内部或外部扰动的影响。单回路控制系统由于结构简单、投资省、操作方便，且能满足一般生产过程的要求，故它在过程控制中得到广泛的应用。

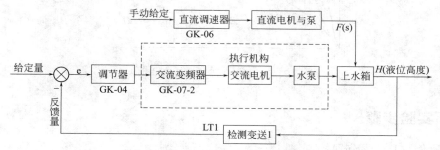

图 6-6　单容水箱液位控制系统框图

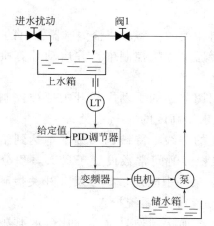

图 6-7　单容水箱液位控制系统结构

当一个单回路系统设计安装就绪之后，控制质量的好坏与控制器参数的选择有着很大的关系。合适的控制参数，可以带来满意的控制效果。反之，控制器参数选择得不合适，则会导致控制质量变坏，甚至使系统不能正常工作。因此，当一个单回路系统组成以后，如何整定好控制器的参数是一个很重要的实际问题。一个控制系统设计好以后，系统的投运和参数整定是十分重要的工作。系统由原来的手动操作切换到自动操作时，必须为无扰动，这就要求调节器的输出量能及时地跟踪手动的输出值，并且在切换时应使测量值与给定值无偏差存在。

一般言之，用比例（P）调节器的系统是一个有差系统，比例度 δ 的大小不仅会影响到余差的大小，而且也与系统的动态性能密切相关。比例积分（PI）调节器，由于积分的作用，不仅能实现系统无余差，而且只要参数 δ，T_i 选择合理，也能使系统具有良好的动态性能。

比例积分微分（PID）调节器是在 PI 调节器的基础上再引入微分 D 的作用，从而使系统既无余差存在，又能改善系统的动态性能（快速性、稳定性等）。在单位阶跃作用下，P、PI、PID 调节系统的阶跃响应分别如图 6-8 中的曲线①、②、③所示。

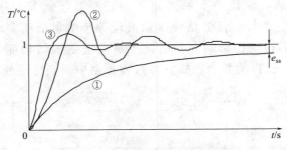

图 6-8　P、PI 和 PID 调节的阶跃响应曲线

6.3.5　实验步骤

（1）比例（P）调节器控制

① 按图 6-6 所示，将系统接成单回路反馈系统。其中被控对象是上水箱，被控制量是该水箱的液位高度 h_1。

② 启动工艺流程并开启相关的仪器，调整传感器输出的零点与增益。

③ 在老师的指导下，接通单片机控制屏，并启动计算机监控系统，为记录过渡过程曲线做好准备。

④ 在开环状态下，利用调节器的手动操作开关把被控制量"手动"调到等于给定值（一般把液位高度控制在水箱高度的 50% 点处）。

⑤ 观察计算机显示屏上的曲线，待被调参数基本达到给定值后，即可将调节器切换到纯比例自动工作状态（积分时间常数设置于最大，积分、微分作用的开关都处于"关"的位置，比例度设置于某一中间值，"正-反"开关拨到"反"的位置，调节器的"手动"开关拨到"自动"位置），让系统投入闭环运行。

⑥ 待系统稳定后，对系统加扰动信号（在纯比例的基础上加扰动，一般可通过改变设定值实现）。记录曲线在经过几次波动稳定下来后，系统有稳态误差，并记录余差大小。

⑦ 减小 δ，重复步骤⑥，观察过渡过程曲线，并记录余差大小。

⑧ 增大 δ，重复步骤⑥，观察过渡过程曲线，并记录余差大小。

⑨ 选择合适的 δ 值就可以得到比较满意的过程控制曲线。

⑩ 注意：每当做完一次试验后，必须待系统稳定后再做另一次试验。

（2）比例积分（PI）调节器控制

① 在比例调节实验的基础上，加入积分作用（即把积分器"I"由最大处"关"旋至中间某一位置，并把积分开关置于"开"的位置），观察被控制量是否能回到设定值，以验证在 PI 调节器控制下，系统对阶跃扰动无余差存在。

② 固定比例度 δ 值（中等大小），改变 PI 调节器的积分时间常数值 T_i，然后观察

加阶跃扰动后被调量的输出波形，并记录不同 T_i 值时的超调量 σ_p（见表 6-5）。

③ 固定积分时间 T_i 于某一中间值，然后改变 δ 的大小，观察加扰动后被调量输出的动态波形，并列表记录不同 δ 值下的超调量 σ_p（见表 6-6）。

表 6-5　δ 值不变、不同 T_i 时的超调量 σ_p

积分时间常数 T_i	大	中	小
超调量 σ_p			

④ 选择合适的 δ 和 T_i 值，使系统对阶跃输入扰动的输出响应为一条较满意的过渡过程曲线。此曲线可通过改变设定值（如设定值由 50％变为 60％）来获得。

表 6-6　T_i 值不变、不同 δ 值下的 σ_p

比例度 δ	大	中	小
超调量 σ_p			

（3）比例积分微分调节（PID）控制

① 在 PI 调节器控制实验的基础上，再引入适量的微分作用，即把 D 打开。然后加上与前面实验幅值完全相等的扰动，记录系统被控制量响应的动态曲线，并与实验步骤（2）所得的曲线相比较，由此可看到微分 D 对系统性能的影响。

② 选择合适的 δ、T_i 和 T_d，使系统的输出响应为一条较满意的过渡过程曲线（阶跃输入可由给定值从 50％突变至 60％来实现）。

③ 用计算机记录实验时所有的过渡过程实时曲线，并进行分析。

6.3.6　注意事项

（1）实验线路接好后，必须经指导老师检查认可后方可接通电源。

（2）必须在老师的指导下，启动计算机系统和单片机控制屏。

（3）若参数设置不当，可能导致系统失控，不能达到设定值。

6.3.7　实验报告要求

（1）简述实验目的、实验原理、实验装置及实验过程。

（2）绘制单容水箱液位控制系统的方块图。

（3）用接好线路的单回路系统进行投运练习，并叙述无扰动切换的方法。

（4）P 调节时，作出不同 δ 值下的阶跃响应曲线。

（5）PI 调节时，分别作出 T_i 不变、不同 δ 值时的阶跃响应曲线和 δ 不变、不同 T_i 值时的阶跃响应曲线。

（6）画出 PID 控制时的阶跃响应曲线，并分析微分 D 的作用。

（7）比较 P、PI 和 PID 三种调节器对系统余差和动态性能的影响。

（8）回答思考题。

6.3.8　思考题

（1）如何实现减小或消除余差？纯比例控制能否消除余差？

（2）试定性地分析三种调节器的参数 δ、（δ、T_i）和（δ、T_i 和 T_d）的变化对控制过程各产生什么影响？

6.4　双容水箱液位 PID 控制系统

6.4.1　实验目的

（1）熟悉单回路双容水箱液位控制系统的组成和工作原理。
（2）系统分别用 P、PI 和 PID 调节器时的控制性能。
（3）定性地分析 P、PI 和 PID 调节器的参数变化对系统性能的影响。
（4）掌握临界比例度法整定调节器的参数。
（5）掌握 4∶1 衰减曲线法整定调节器的参数。

6.4.2　实验内容

（1）P、PI 调节器的参数对系统性能的影响。
（2）P、PI 调节器的参数整定。

6.4.3　实验设施设备

（1）THGK-1 型过程控制实验装置：GK-03、GK-04、GK-06、GK-07-2。
（2）万用表一只。
（3）计算机系统。

6.4.4　实验原理

图 6-9、图 6-10 为双容水箱液位控制系统框图和结构图。这是一个单回路控制系统，它与 6.3 不同的是有两个水箱串联，控制的目的是既要使下水箱的液位高度等于给定值所期望的值，又要具有减少或消除来自系统内部或外部扰动的影响。显然，这种反馈控制系统的性能主要取决于调节器 GK-04 的结构和参数的合理选择。由于双容水箱的数学模型是二阶的，故它的稳定性不如单容液位控制系统。

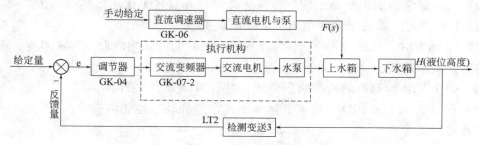

图 6-9　双容水箱液位控制系统框图

对于阶跃输入（包括阶跃扰动），这种系统用比例（P）调节器去控制，系统有余

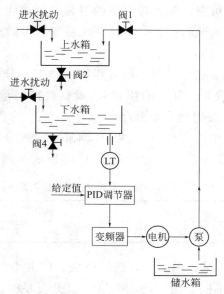

图 6-10　双容水箱液位控制系统结构

差，且与比例度近似成正比，若用比例积分（PI）调节器去控制，不仅可实现无余差，而且只要调节器的参数 δ 和 T_i 选择合理，也能使系统具有良好的动态性能。比例积分微分（PID）调节器是在 PI 调节器的基础上再引入微分（D）的控制作用，从而使系统既无余差存在，又使其动态性能得到进一步改善。

6.4.5　实验步骤

（1）比例（P）调节器控制

① 按图 6-9 所示，将系统接成单回路反馈控制系统。其中被控对象是下水箱，被控制量是下水箱的液位高度 h_2。

② 启动工艺流程并开启相关的仪器，调整传感器输出的零点与增益。

③ 在老师的指导下，接通单片机控制屏，并启动计算机监控系统，为记录过渡过程曲线做好准备。

④ 在开环状态下，利用调节器的手动操作开关把被控制量调到等于给定值（一般把液位高度控制在水箱高度的 50% 点处）。

⑤ 观察计算机显示屏上的曲线，待被调参数基本达到给定值后，即可将调节器切换到纯比例自动工作状态（积分时间常数设置于最大，积分、微分作用的开关都处于"关"的位置，比例度设置于某一中间值，"正-反"开关拨到"反"的位置，调节器的"手动"开关拨到"自动"位置），让系统投入闭环运行。

⑥ 待系统稳定后，对系统加扰动信号（在纯比例的基础上加扰动，一般可通过改变设定值实现）。记录曲线在经过几次波动稳定下来后，系统有稳态误差，并记录余差大小。

⑦ 减小 δ，重复步骤⑥，观察过渡过程曲线，并记录余差大小。

⑧ 增大 δ，重复步骤⑥，观察过渡过程曲线，并记录余差大小。

⑨ 选择合适的 δ 值就可以得到比较满意的过程控制曲线。

⑩ 注意：每当做完一次试验后，必须待系统稳定后再做另一次试验。

（2）比例积分调节器（PI）控制

① 在比例调节实验的基础上，加入积分作用（即把积分器 "I" 由最大处旋至中间某一位置，并把积分开关置于 "开" 的位置），观察被控制量是否能回到设定值，以验证在 PI 控制下，系统对阶跃扰动无余差存在。

② 固定比例度 δ 值（中等大小），改变 PI 调节器的积分时间常数值 T_i，然后观察加阶跃扰动后被调量的输出波形，并记录不同 T_i 值时的超调量 σ_p（见表 6-7）。

表 6-7　δ 值不变、不同 T_i 时的超调量 σ_p

积分时间常数 T_i	大	中	小
超调量 σ_p			

③ 固定积分时间 T_i 于某一中间值，然后改变 δ 的大小，观察加扰动后被调量输出的动态波形，并列表记录不同 δ 值下的超调量 σ_p（见表 6-8）。

表 6-8　T_i 值不变、不同 δ 值下的 σ_p

比例度 δ	大	中	小
超调量 σ_p			

④ 选择合适的 δ 和 T_i 值，使系统对阶跃输入扰动的输出响应为一条较满意的过渡过程曲线。此曲线可通过改变设定值（如设定值由 50% 变为 60%）来获得。

（3）比例积分微分调节器（PID）控制

① 在 PI 调节器控制实验的基础上，再引入适量的微分作用，即把 D 打开。然后加上与前面实验幅值完全相等的扰动，记录系统被控制量响应的动态曲线，并与实验步骤（2）所得的曲线相比较，由此可看到微分 D 对系统性能的影响。

② 选择合适的 δ、T_i 和 T_d，使系统的输出响应为一条较满意的过渡过程曲线（阶跃输入可由给定值从 50% 突变至 60% 来实现）。

③ 用秒表和显示仪表记录一条较满意的过渡过程实时曲线。

（4）用临界比例度法整定调节器的参数

在实际应用中，PID 调节器的参数常用下述临界比例度法来确定。用临界比例度法去整定 PID 调节器的参数既方便又实用。它的具体做法是：

① 待系统稳定后，将调节器置于纯比例 P 控制。逐步减小调节器的比例度 δ，并且每当减小一次比例度 δ，待被调量回复到平衡状态后，再手动给系统施加一个 5%～15% 的阶跃扰动，观察被调量变化的动态过程。若被调量为衰减的振荡曲线，则应继续减小比例度 δ，直到输出响应曲线呈现等幅振荡为止。如果响应曲线出现发散振荡，则表示比例度调节得过小，应适当增大，使之出现如图 6-12 所示的等幅振荡。图 6-11 为它的系统框图。

② 在图 6-11 所示的系统中，当被调量作等幅振荡时，此时的比例度 δ 就是临界比例度，用 δ_k 表示之，相应的振荡周期就是临界周期 T_k。据此，按表 6-9 所列出的经验

数据确定 PID 调节器的三个参数 δ、T_i 和 T_d。

图 6-11　具有比例调节器的闭环系统框图

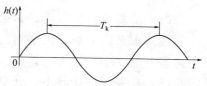

图 6-12　具有周期 T_k 的等幅振荡

表 6-9　用临界比例度 δ_k 整定 PID 调节器的参数

调节器名称	δ_k	T_i/s	T_d/s
P	$2\delta_k$		
PI	$2.2\delta_k$	$T_k/1.2$	
PID	$1.6\delta_k$	$0.5T_k$	$0.125T_k$

③ 必须指出，表格中给出的参数值是对调节器参数的一个粗略设计，因为它是根据大量实验而得出的结论。若要获得更满意的动态过程（例如：在阶跃作用下，被调参量作 4∶1 的衰减振荡），则要在表格给出参数的基础上，对 δ、T_i（或 T_d）作适当调整。

（5）用衰减曲线法整定调节器的参数

与临界比例度法类似，不同的是本方法先根据由实验所得的阻尼振荡衰减曲线（为 4∶1），求得相应的比例度 δ_s 和曲线的振荡周期 T_s，然后按表 6-10 给出的经验公式，确定调节器的相关参数。对于 4∶1 衰减曲线法的具体步骤如下：

① 置调节器积分时间 T_i 到最大值（$T_i=\infty$），微分时间 T_d 为零（$T_d=0$），比例度 δ 为较大值，让系统投入闭环运行。

② 待系统稳定后，作设定值阶跃扰动，并观察系统的响应。若系统响应衰减太快，则增大比例度；反之，系统响应衰减过慢，应减小比例度。如此反复直到系统出现如图 6-13 所示 4∶1 的衰减振荡过程。记下此时的比例度 δ_s 和振荡周期 T_s 的数值。

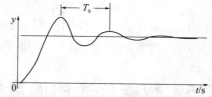

图 6-13　4∶1 衰减响应曲线

表 6-10　4∶1 衰减曲线法整定计算公式

调节器名称	δ	T_i/s	T_d/s
P	δ_s		
PI	$1.2\delta_s$	$0.5T_s$	
PID	$0.8\delta_s$	$0.3T_s$	$0.1T_s$

③ 利用 δ_s 和 T_s 值，按表 6-10 给出的经验公式，求调节器参数 δ、T_i 和 T_d 数值。

6.4.6　注意事项

（1）实验线路接好后，必须经指导老师检查认可后方可接通电源。

（2）水泵启动前，出水阀门应关闭，待水泵启动后，再逐渐开启出水阀门，直至某一适当开度。

（3）在老师的指导下，开启单片机控制屏和计算机系统。

6.4.7　实验报告要求

（1）画出双容水箱液位控制实验系统的结构图。

（2）按图 6-9 要求接好实验线路，经老师检查无误后投入运行。

（3）用临界比例度法和衰减曲线法分别计算 P、PI、PID 调节的参数，并分别列出系统在这三种方式下的余差和超调量。

（4）作出 P 调节器控制时，不同 δ 值下的阶跃响应曲线。

（5）作出 PI 调节器控制时，不同 δ 和 T_i 值时的阶跃响应曲线。

（6）画出 PID 控制时的阶跃响应曲线，并分析微分 D 对系统性能的影响。

（7）综合评价 P、PI 和 PID 三种调节器对系统性能的影响。

6.4.8　思考题

（1）实验系统在运行前应做好哪些准备工作？

（2）为什么双容液位控制系统比单容液位控制系统难于稳定？

（3）有人说：由于积分作用增强，系统会不稳定，为此在积分作用增强的同时应增大比例度 δ，你认为对吗？为什么？

（4）试用控制原理的相关理论分析 PID 调节器的微分作用为什么不能太大？

（5）为什么微分作用的引入必须缓慢进行？这时的比例度 δ 是否要改变？为什么？

（6）调节器参数（δ、T_i 和 T_d）的改变对整个控制过程有什么影响？

6.5　智能仪表的温度控制系统

6.5.1　实验目的

（1）了解智能仪表的使用及参数的自整定。

（2）设计温度二位控制系统。

6.5.2　实验内容

对 AI-708 智能仪表进行参数和给定值的设置，记录扰动作用下系统的过渡曲线。

6.5.3　实验设施设备

过程制实验装置：AI-708 智能调节器。

6.5.4　实验原理

（1）AI-708 智能调节仪简介

① 特点与用途

a. AI-708 型仪表，具备 0.2 级精度，可编程输入，通过参数设置即可选择热电偶、热电阻、线性电阻和电压（电流）的输出。

b. 具备位式调节、AI 人工智能调节、通讯、变送和上限、下限、正偏差、负偏差等报警功能。

c. 具有可编程模块化输出，支持时间比例（继电器触点开关、SSR 电压、可控硅无触点开关及单相/三相可控硅过零触发信号等）和线性电流（包括 0～10mA 及 0～20mA 等）。

d. 适合在化工、石化、火电、制药、冶金等行业做高精度测量、显示、变送、位式/人工智能/PID 调节或报警等操作。其 AI 人工智能调节可实现较为理想的温度控制。

② 主要参数功能说明

a. Ctrl（控制方式）

Ctrl＝0，采用位式调节，只适合要求不高的场合。

Ctrl＝1，采用 AI 人工智能调节/PID 调节，该设置下，允许从面板启动执行自整定功能。

Ctrl＝2，启动自整定参数功能，自整定结束后会自动设置 3 或 4。

Ctrl＝3，采用 AI 人工智能调节，自整定结束后仪表自动进入该设置，在该设置下不允许从面板启动自整定参数功能，以防止误操作重复启动自整定。

Ctrl＝4，该方式下与 Ctrl＝3 时基本相同，但其 P 参数定义为原来的 10 倍，即可将 P 参数放大 10 倍，获得更精细的控制。

b. HIAL（上限报警）　测量值大于 HIAL＋dF 值时，仪表将产生上限报警。测量值小于 HIAL－dF 值时，仪表将解除上限报警。设置 HIAL 到其最大值（9999）可避免产生报警作用。

c. LOAL（下限报警）　测量值小于 LOAL－dF 时产生下限报警，当测量值大于 LOAL＋dF 时下限报警解除。设置 LOAL 到其最小值（－1999）可避免产生报警作用。

d. dHAL（正偏差报警）　采用 AI 人工智能调节时，当正偏差（测量值 PV 减给定值 SV）大于 dHAL＋dF 时产生正偏差报警。当偏差小于 dHAL－dF 时正偏差报警解除。设置 dHAL＝9999 时，负偏差报警功能被取消。

e. dLAL（负偏差报警）　采用 AI 人工智能调节时，当负偏差（测量值 PV 减给定值 SV）大于 dLAL＋dF 产生负偏差报警，当偏差小于 dLAL－dF 时负偏差报警解除。设置 dLAL＝9999 时，负偏差报警功能被取消。

f. dF（回差）　回差用于避免因测量输入值波动而导致位式调节频繁通断或报警频繁产生/解除。

其他参数：Sn（输入规格）、CF（系统功能选择）、M5（保持参数）、P（速率参数）等（详见 AI 人工智能工业调节器使用说明书）。

（2）温度二位控制原理与调试方法

① AI-708 智能调节器作为二位调节器时的参数设置

控制方式：Ctrl＝0

输入规格：SN＝21（PT100）

输入下限值：dIL＝0

输入上限值：dIH＝100

输出方式：OP1＝0

输出下限值：OPL＝0

输出上限值：OPH＝100

回差：dF＝0.3

系统功能选择：CF＝4

通讯地址：Addr＝00（0mA）

通讯波特率：BAUd＝100（10mA）

运行及上电信号处理：RUN＝1

参数设置操作方法见《GK-02 装置结构展示》。

② AI-708 作为二位调节器时的工作原理　当 PV（测量温度）减小到小于 SV－dF（设定温度减回差）时，调节器输出 DC12V 控制电压；当 PV 增大到大于 SV＋dF（设定温度加回差）时，调节器输出控制电压为 0；调节器输出的电压直接控制固态继电器的通断，以控制是否加热，从而达到控制温度的目的。

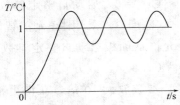

图 6-14　二位控系统的过程曲线

由过程控制原理可知，二位控制系统的输出是一个断续控制作用下的等幅振荡过程，如图 6-14 所示。因此不能用连续控制作用下的衰减振荡过程的温度品质指标来衡量，而用振幅和周期作为品质的指标。一般要求振幅小，周期长，然而对同一双位控制系统来说，若要振幅小，则周期必然短；若要周期长，则振幅必然大。因此通过合理选择中间区以使振幅在限定范围内，而又尽可能获得较长的周期。

③ 二位控制系统框图与结构图　见图 6-15、图 6-16。

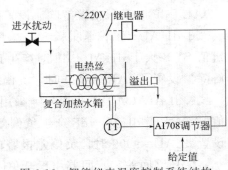

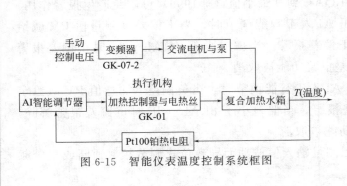

图 6-15　智能仪表温度控制系统框图

图 6-16　智能仪表温度控制系统结构

6.5.5 实验步骤

（1）按图 6-15 所示的框图，完成实验系统的连线工作。

（2）按实验原理中的说明，先对 AI-708 智能仪表进行参数和给定值的设置，然后打开 GK-01 上的加热开关，使系统投入自动运行。

（3）以复合加热水箱作为被控对象，手动控制交流电机使之恒速往复合加热水箱内套加水。

（4）用上位机采集实时数据并显示过渡过程曲线：将 AI-708 的温度检测信号输出端"TT"接单片机控制屏 GK-03 的信号输入端"TT"；设置单片机回路 5 参数 St＝2、CH＝100、CL＝0（参数设置方法详见《GK-02 装置结构展示》中的使用说明）；用串行通信线将 GK-03 与上位机相连，以便实验时观察过程的曲线。

（5）参考实验 6.4 的步骤，改变设定温度值（见表 6-11），记录在不同温度下的过程曲线。

（6）用直流电机驱动泵向加热水箱打水作为扰动，并记录过程曲线。

表 6-11 温度时间记录

温度/℃				
时间/s				

6.5.6 实验报告要求

（1）画出温度控制系统的实验线路图。

（2）改变设定温度值，记录在不同温度下的过程曲线。

（3）回答思考题。

6.5.7 思考问题

将 AI-708 智能仪表控制的实验结果与模拟仪表断续控制的控制效果进行比较。

6.6 流量控制系统

6.6.1 目的要求

（1）了解流量计的结构及其使用方法。

（2）熟悉单回路流量控制系统的组成。

（3）研究 P、PI 和 PID 调节器对系统的控制效果。

（4）改变 P、PI 和 PID 调节器的参数，观察它们对系统性能所产生的影响。

6.6.2 实验内容

（1）控制器的投运步骤。

（2）P、PI 调节器的参数整定。

6.6.3　实验设施设备

（1）过程控制实验装置：PID 调节器、变频器、单片机控制屏。

（2）万用表一只。

（3）计算机监控系统。

6.6.4　实验原理

（1）涡轮流量计

涡轮流量传感器的结构如图 6-17 所示，它主要由壳体、前导向架、叶轮、后导向架、压紧圈和带放大器的磁电感应转换器等组成。当被测流体流经传感器时，传感器的叶轮借助于流体的动能而产生旋转，叶轮周期性地改变磁电感应系数中的磁阻值，从而使通过线圈的磁通量周期性地发生变化而产生电脉冲信号，并经放大器放大后传送至相应的流量计算仪表，进行量或总量的计量。

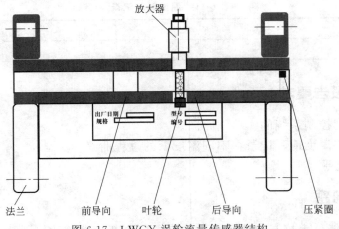

图 6-17　LWGY 涡轮流量传感器结构

（2）涡轮流量计型号与技术指标

① 型号　LWGY-2。

② 技术指标

供电电源：5～24V DC

流量范围：0.2～1.2m³/h

环境温度：−25～55℃

流体温度：−20～120℃

相对湿度：不大于 85%

精度：1%

输出信号：0～10mADC（或 0～5VDC）

（3）流量单回路控制系统

负反馈控制系统的一个主要优点是输出量（被控制量）经检测元件检测后反馈到系

统的输入端与给定值相比较，所得的偏差信号经调节器处理后变成一个对被控过程控制的信号，从而实现被控制量排除系统内外扰动的影响而保持基本不变的目的。图 6-18、图 6-19 所示的流量控制系统就是这样一种系统。该系统的输出随着给定量的大小而变化。

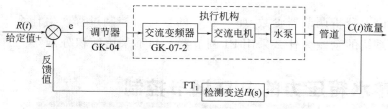

图 6-18　流量控制系统框图

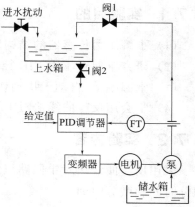

图 6-19　流量控制系统结构

流量控制系统与液位控制系统一样，它的控制质量完全取决于所用调节器的结构和参数。比例调节器是调节比例度 δ 来实现对系统的控制。一般而言，δ 越小，系统的余差也越小，但超调量等动态性能指标变差。反之，δ 越大，系统的余差也越大，系统的动态过程缓慢，超调量变小。比例积分（PI）调节器产生的控制作用有 2 个部分：与偏差成比例部分和偏差的积分部分。由于积分的作用，可使系统无余差产生，但积分时间常数不能太小，否则会使系统的动态性能变差，甚至会不稳定。

比例积分微分（PID）调节器既可以实现系统无余差，又能改善系统的稳定度和响应的快速性，其可调参数有 3 个：δ、T_i 和 T_d。

6.6.5　实验步骤

（1）比例调节器（P）控制。利用实验装置中挂件 GK-03、GK-04、GK-06 和 GK-07-2，组成图 6-18 所示的单回路流量控制系统。

（2）本实验与 6.3 相比，仅仅是被控对象和被控参数的不同，因此可参照该实验的实验步骤进行实验，并依照该实验的方法进行 P、PI、PID 的参数计算、分析与比较。

6.6.6　注意事项

（1）水泵启动前，出水阀门应关闭，待水泵启动后，再逐渐开启出水阀，直至适当开度。

（2）在老师的指导下接入单片机控制屏并启动计算机监控系统。

6.6.7　实验报告

（1）画出流量控制系统的实验线路图。

（2）由实验分别求出系统在 P、PI、PID 调节器控制下的余差和超调量。

（3）作出 P 调节器控制时，不同 δ 值下的阶跃响应曲线。

（4）作出 PI 调节器控制时，不同 δ 和 T_i 值时的阶跃响应曲线。

6.6.8　思考题

（1）从理论上分析调节器参数（δ、T_i）的变化对控制过程产生什么影响？

（2）消除系统的余差为什么采用 PI 调节器，而不采用纯积分器？

6.7　单容水箱压力的 PID 调节控制

6.7.1　实验目的

（1）了解压力传感器的结构原理及使用方法。

（2）研究单回路压力 PID 控制系统。

（3）掌握手动/自动无扰动切换的方法。

（4）学会用反应曲线法对 PID 参数进行整定。

6.7.2　实验内容

采用反应曲线法对单回路压力 PID 参数进行整定，确定 PID 控制模型中的比例度、积分时间和微分时间。

6.7.3　实验设施设备

（1）过程控制实验装置：PID 调节器 GK-04、变频器 GK-07-2。

（2）计算机及监控软件。

6.7.4　实验原理

（1）压力传感器变送原理简介

① 扩散硅压力传感器　扩散硅压力传感器是利用单晶硅的压阻效应，采用 IC 工艺扩散四个等值应变电阻，组成惠斯登电桥（见图 6-20），不受压力作用时，电桥处于平衡状态；当受到压力（或压差）作用时，电桥的一对桥臂电阻变大，另一对变小，电桥失去平衡。若对电桥加一恒定的电压，便可检测到对应于所加压力的电压信号，从而达到测量液体、气体压力大小的目的。

随着传感器制造工艺水平的提高，具有内部温度补偿和校准的高精度，高灵敏度的硅压力传感器已广泛应用于气体压力测量和液位、压力控制系统。

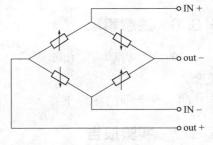

图 6-20　惠斯登电桥

本装置采用的 MPX2010DP 型传感器，则是在芯片上集成了一个激光敏感调节电阻，用以偏置校准和温度补偿，它由单个 X 型压敏电阻代替了以往由 4 个电阻组成的惠斯登电桥。

MPX2010DP 的压力范围为 $0\sim10kPa$，灵敏度为 $\pm0.01kPa$（$1mm\ H_2O$）。

② 压力传感器变送原理　空气管传感方式：将一根管子（如橡皮或塑料）竖直立起，其一端放于液体容器中，另一端完全敞开，则管子里面的液面与容器中的是完全相同的。若将管子的上端封住（如接到 MPX2010DP 的压力面），管子内就会留有一定体积的气体。当容器内液位变化时，管内空气的压力将会成比例地变化。

（2）单回路压力控制系统方框图

单回路压力控制系统框图如图 6-21 所示。系统如要实现无扰动地由手动操作切换到自动运行，则要求调节器能自动地跟踪手动输出，且要在切换时使测量值与给定值无偏差存在。

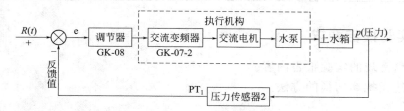

图 6-21　单回路压力控制系统框图

改变 PID 调节器参数 δ、T_i 和 T_d 可以影响系统的闭环特性，从而改变控制系统的控制品质。整定调节器参数通常有临界比例度法、衰减振荡法。由于本系统的被控对象是一阶惯性环节且时间滞后很小，所以很难产生振荡曲线，因此在这里采用反应曲线法来整定系统的参数。

6.7.5　实验步骤

（1）按图 6-22 所示，将系统接成单回路反馈系统（接线参照实验 6.1）。其中被控对象是上水箱，被控制量是上水箱的液体压力。

（2）启动工艺流程并开启相关的仪器，调整传感器输出的零点与增益。

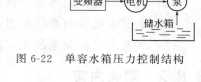

图 6-22　单容水箱压力控制结构

（3）在老师的指导下，接通单片机控制屏，并启动计算机监控系统，为记录过渡过程曲线做好准备。

（4）在开环状态下，利用调节器的手动操作开关把被控制量"手动"调到等于给定值（一般把液位高度控制在水箱高度的 50％点处）。

（5）反复调节手动输出值，使给定值与反馈值基本上保持相等且稳定后，把手动开关拨到自动，实现无扰动切换。

（6）用反应曲线法整定系统参数。

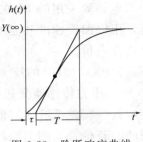

将调节器置于手动状态，并使调节器输出一个阶跃信号，记录被控制量压力的响应曲线如图 6-23 所示。由该图可确定 τ、T 和 K，其中 K 按下式确定：

$$K = y(\infty) - y(0) / X_0 （式中 X_0 为给定值）$$

根据所求的 K、T 和 τ，利用表 6-12 所示的经验公式，就可计算出对应于衰减率为 4∶1 时调节器的相关参数。

图 6-23　阶跃响应曲线

表 6-12　反应曲线法整定计算公式

调节器名称	$\delta/\%$	T_i/s	T_d/s
P	$K\tau/T$		
PI	$1.1K\tau/T$	3.3τ	
PID	$0.85K\tau/T$	2τ	0.5τ

6.7.6　实验报告要求

（1）写出常规的实验报告内容。

（2）叙述无扰动切换的方法。

6.7.7　思考题

（1）实验时为什么不能实现系统的手动/自动完全无扰动切换，应该怎样才能实现完全无扰动切换？

（2）为什么要强调无扰动切换？它能满足过程控制生产中的哪些要求？

（3）与衰减曲线法和临界比例度法相比，反应曲线法有什么优缺点？

6.8　液位串级控制系统

6.8.1　目的要求

（1）熟悉串级控制系统的结构与控制特点。

（2）掌握串级控制系统的投运和参数整定方法。

（3）掌握串级控制系统主、副控制器参数正反作业及控制规律的选择。

6.8.2　实验内容

对双容水箱液位控制系统进行投运和 PID 参数设定。

6.8.3　所需实验设施设备

（1）过程控制实验装置

变频调速器（GK-07-2），直流调速器（GK-06），模拟 PID 调节器（GK-04）两台。

（2）万用电表一只、计算机系统和 GK-03。

6.8.4　实验原理

（1）串级控制系统的组成

图 6-24 为一液位串级控制系统框图，图 6-25 为其结构图。这种系统具有 2 个调节器，主、副两个被控对象，2 个调节器分别设置在主、副回路中。设在主回路的调节器称为主调节器，设在副回路的调节器称为副调节器。两个调节器串联连接，主调节器的输出作为副回路的给定量，副调节器的输出去控制执行元件。主对象的输出为系统的被控制量 h_2，副对象的输出 h_1 是一个辅助的被控变量。

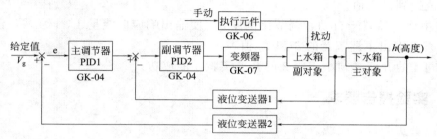

图 6-24　液位串级控制系统框图

（2）串级系统的抗干扰能力

串级系统由于增加了副回路，因而对于进入副回路的干扰具有很强的抑制作用，使作用于副回路的干扰对主变量的影响大大减小。主回路是一个定值控制系统，而副回路是一个随动控制系统。在设计串级控制系统时，要求系统副对象的时间常数要远小于主对象。此外，为了保证系统的控制精度，一般要求主调节器设计成 PI 或 PID 调节器，而副调节器则一般设计为比例 P 控制，以提高副回路的快速响应。在搭实验线路时，要注意到两个调节器的极性（目的是保证主、副回路都是负反馈控制）。

（3）串级控制系统与单回路的控制系统相比

串级控制系统由于副回路的存在，改善了对象的特性，使等效副对象的时间常数减小，系统

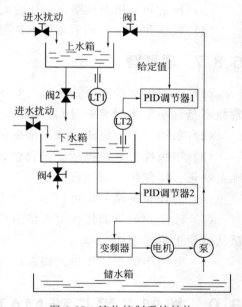

图 6-25　液位控制系统结构

的工作频率提高，从而改善了系统的动态性能，使系统的响应加快。同时，由于串级系统具有主副两只调节器，使它的开环增益变大，因而使系统的抗干扰能力增强。

（4）串级控制系统的参数整定

串级控制系统中两个控制器的参数都需要进行整定，其中任一个控制器任一参数值发生变化，对整个串级系统都有影响。因此，串级控制系统的参数整定要比单回路控制系统复杂一些。常用的整定方法有：逐步逼近法、一步整定法、两步整定法。

6.8.5　实验步骤

（1）按图 6-24 和图 6-25，连接好实验线路，并进行零位与增益的调节。

（2）正确设置 PID 调节器的开关位置。

副调节器：纯比例（P）控制，反作用，自动，KC2（副回路的开环增益）较大。

主调节器：比例积分（PI）控制，反作用，自动，KC1＜KC2（KC1 主回路开环增益）。

（3）利用一步整定法整定系统

① 先将主、副调节器均置于纯比例 P 调节，并将副调节器的比例度 δ 调到 30% 左右。

② 将主调节器置于手动，副调节器置于自动，通过改变主调节器的手动输出值使下水箱液位达到设定值。

③ 将主调节器置于自动，调节比例度 δ，使输出响应曲线呈 4:1 衰减，记下 δ_s 和 T_s，据此查表求出主调节器的 δ 和 T_i 值。

注：阀 4 的开度必须小于阀 2 的开度实验才能成功。

6.8.6　实验报告要求

（1）记录实验过程曲线。

（2）扰动作用于主、副对象，观察对主变量（被控制量）的影响。

（3）观察并分析副调节器 KP 的大小对系统动态性能的影响。

（4）观察并分析主调节器的 KP 与 T_i 对系统动态性能的影响。

6.8.7　思考题

（1）试述串级控制系统为什么对主扰动具有很强的抗扰动能力。如果副对象的时间常数不是远小于主对象的时间常数时，这时副回路还具有抗扰动的优越性吗？为什么？

（2）采用一步整定法的理论依据是什么？

（3）串级控制系统投运前需要做好哪些准备工作？主、副调节器的内、外给定如何确定？正、反作用如何确定？

（4）为什么副调节器可以不设计为 PI 调节器？

（5）改变副调节器比例放大倍数的大小，对串级控制系统的扰动能力有什么影响？试从理论上给予说明。

（6）分析串级系统比单回路系统控制质量高的原因。

6.9　控制工程基础 MATLAB 实验仿真

6.9.1　目的要求

（1）掌握 MATLAB 软件使用的基本方法，熟悉 MATLAB 的数据表示、基本运算和程序控制语句。

（2）熟悉 MATLAB 程序设计的基本方法，学习用 MATLAB 创建控制系统模型。

（3）利用 MATLAB 对一、二阶系统进行时域分析，掌握一阶系统的时域特性，理解时间常数 T 对系统性能的影响和二阶系统的时域特性，理解二阶系统的两个重要参数 ξ 和 ω_n 对系统动态特性的影响。

6.9.2 实验内容

（1）学习 MATLAB 软件的基本知识。

（2）用 MATLAB 创建控制系统模型。

① 系统的传递函数模型。

② 传递函数模型——零极点增益模型。

（3）建立一、二阶控制系统的控制模型，分析它们在不同参数下的阶跃和脉冲响应曲线。

6.9.3 实验设施设备

安装了 MATLAB 软件的电脑。

6.9.4 实验原理

（1）MATLAB 的基本知识

MATLAB 是矩阵实验室（Matrix Laboratory）之意。MATLAB 具有卓越的数值计算能力，具有专业水平的符号计算，文字处理，可视化建模仿真和实时控制等功能。MATLAB 的基本数据单位是矩阵，它的指令表达式与数学、工程中常用的形式十分相似，故用 MATLAB 来解算问题要比用 C 语言、FORTRAN 语言做完相同的事情简捷得多。

默认的 MATLAB 桌面结构如图 6-26 所示。

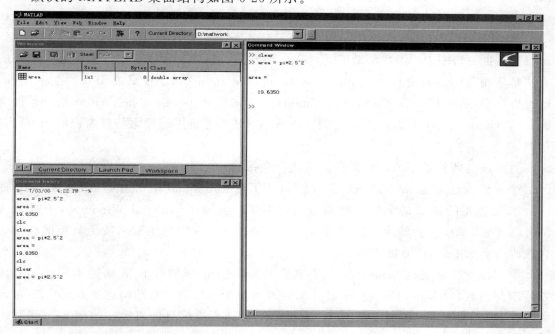

图 6-26 MATLAB 软件界面

在 MATLAB 集成开发环境下，它集成了管理文件、变量和用程序的许多编程工具。在 MATLAB 桌面上可以得到和访问的主要窗口如下。

命令窗口（The Command Window）：在命令窗口中，用户可以在命令行提示符（≫）后输入一系列的命令，回车之后执行这些命令，执行的命令也是在这个窗口中实现的。

命令历史窗口（The Command History Window）：用于记录用户在命令窗口（The Command Window），其顺序是按逆序排列的。即最早的命令排在最下面，最后的命令排在最上面。这些命令会一直存在下去，直到它被人为删除。双击这些命令可使它再次执行。要在历史命令窗口删除一个或多个命令，可以先选择，然后单击右键，这时就有一个弹出菜单出现，选择 Delete Section，任务就完成了。

工作台窗口（Workspace）：工作空间是 MATLAB 用于存储各种变量和结果的内存空间。在该窗口中显示工作空间中所有变量的名称、大小、字节数和变量类型说明，可对变量进行观察、编辑、保存和删除。

当前路径窗口（Current Directory Browser）：当前路径是指 Matlab 运行文件的工作目录，只有在当前目录或操作路径下的文件、函数可以被运行和调用。在当前路径窗口中可以显示和改变当前目录，还可以显示当前目录下的文件并提供搜索功能。MATLAB 命令常用格式为：变量＝表达式，或直接简化为：表达式。

通过"＝"符号将表达式的值赋予变量，若省略变量名和"＝"号，则 MATLAB 自动产生一个名为 ans 的变量。

变量名必须以字母开头，其后可以是任意字母、数字或下划线，大写字母和小写字母分别表示不同的变量，不能超过 19 个字符，特定的变量如：pi（＝3.141596）、Inf（＝∞）、NaN（表示不定型求得的结果，如 0/0）等不能用作它用。

表达式可以由函数名、运算符、变量名等组成，其结果为一矩阵，赋给左边的变量。

MATLAB 所有函数名都用小写字母。MATLAB 有很多函数，因此很不容易记忆。可以用帮助（HELP）函数帮助记忆，有三种方法可以得到 MATLAB 的帮助。最好的方法是使用帮助空间窗口（helpbrowser）。可以单击 MATLAB 桌面工具栏上的图标，也可以在命令窗口（The Command Window）中输入 helpdesk 或 helpwin 来启动帮助空间窗口（help browser）。可以通过浏览 MATLAB 参考证书或搜索特殊命令的细节得到帮助。

另外还有两种运用命令行的原始形式得到帮助。

第一种方法是在 MATLAB 命令窗口（The Command Window）中输入 help 或 help 和所需要的函数的名字。如果在命令窗口（The Command Window）中只输入 help，MATLAB 将会显示一连串的函数。如果有一个专门的函数名或工具箱的名字包含在内，那么 help 将会提供这个函数或工具箱。

第二种方法是通过 lookfor 函数得到帮助。lookfor 函数与 help 函数不同，help 函数要求与函数名精确匹配，而 lookfor 只要求与每个函数中的总结信息有匹配。Lookfor 函数比 help 函数运行起来慢得多，但它提高了得到有用信息的机会。使用 help 函数可以得到有关函数的屏幕帮助信息。

常用运算符及特殊符号的含义与用法如下：

＋　数组和矩阵的加法

－　数组和矩阵的减法

＊　矩阵乘法

／　矩阵除法

［］用于输入数组及输出量列表

（）用于数组标识及输入量列表

' '其内容为字符串

，　分隔输入量，或分隔数组元素

；　分开矩阵的行；在一行内分开几个赋值语句；需要显示命令的计算结果时，则语句后面不加";"号，否则要加";"号

％　其后内容为注释内容，都将被忽略，而不作为命令执行

…　用来表示语句太长，转到第二行继续写

回车之后执行这些命令

举例：矩阵的输入

$$A = \begin{vmatrix} 1 & 2 & 3 \\ 4 & 5 & 6 \\ 7 & 8 & 9 \end{vmatrix}$$

矩阵的输入要一行一行地进行，每行各元素用（,）或空格分开，每行用（;）分开。MATLAB 书写格式为：

$A=$［1，2，3；4，5，6；7，8，9］

或 $A=$［1　2　3；4　5　6；7　8　9］

回车之后运行程序可得到 A 矩阵

$$A = \begin{matrix} 1 & 2 & 3 \\ 4 & 5 & 6 \\ 7 & 8 & 9 \end{matrix}$$

需要显示命令的计算结果时，则语句后面不加";"号，否则要加";"号。

运行下面两种格式可以看出它们的区别

$a=$［1 2 3；4 5 6；7 8 9］　　　　　　　$a=$［1 2 3；4 5 6；7 8 9］；

$$a = \begin{matrix} 1 & 2 & 3 \\ 4 & 5 & 6 \\ 7 & 8 & 9 \end{matrix}$$　　　　　　　（不显示计算结果）

（2）系统建模

① 系统的传递函数模型　系统的传递函数为：

$$G(s) = \frac{C(s)}{R(s)} = \frac{b_1 s^m + b_2 s^{m-1} + \cdots + b_n s + b_{m+1}}{a_1 s^n + a_2 s^{n-1} + \cdots + a_n s + a_{n+1}}$$

对线性定常系统，式中 s 的系数均为常数，且 a_1 不等于零，这时系统在 MATLAB 中可以方便地由分子和分母系数构成的两个向量唯一地确定出来，这两个向量可分别用

变量名 num 和 den 表示。

$$num = [b_1, b_2, \cdots, b_m, b_{m+1}]$$

$$den = [a_1, a_2, \cdots, a_n, a_{n+1}]$$

注意：它们都是按 s 的降幂进行排列的。

举例：

传递函数：
$$G(s) = \frac{12s^3 + 24s^2 + 20}{2s^4 + 4s^3 + 6s^2 + 2s + 2}$$

输入：

≫num＝ [12, 24, 0, 20], den＝ [2 4 6 2 2]

显示：

num ＝　　12　　24　　0　　20

den ＝　　2　　4　　6　　2　　2

② 模型的连接

a. 并联：parallel

格式：[num, den] ＝parallel (num1, den1, num2, den2)

　　　　%将并联连接的传递函数进行相加。

举例：

传递函数：
$$G_1(s) = \frac{3}{s+4} \qquad G_2(s) = \frac{2s+4}{s^2+2s+3}$$

输入：

≫num1＝3；den1＝ [1, 4]; num2＝ [2, 4]; den2＝ [1, 2, 3]; [num, den] ＝ parallel (num1, den1, num2, den2)

显示：

num ＝　　0　　5　　18　　25

den ＝　　1　　6　　11　　12

b. 串联：series

格式：[num, den] ＝series (num1, den1, num2, den2)

　　　　%将串联连接的传递函数进行相乘。

c. 反馈：feedback

格式：[num, den] ＝feedback (num1, den1, num2, den2, sign)

　　　　%将两个系统按反馈方式连接，系统 1 为对象，系统 2 为反馈控制器，系统和闭环系统均以传递函数的形式表示。sign 用来指示系统 2 输出到系统 1 输入的连接符号，sign 缺省时，默认为负，即 sign＝ －1。总系统的输入/输出数等同于系统 1。

d. 闭环：cloop（单位反馈）

格式：[numc, denc] ＝cloop (num, den, sign)

　　　　%表示由传递函数表示的开环系统构成闭环系统，sign 意义与上述相同。

③ 传递函数模型——零极点增益模型

零极点增益模型为：

$$G(s) = K\frac{(s-z_1)(s-z_2)\cdots(s-z_m)}{(s-p_1)(s-p_2)\cdots(s-p_n)}$$

式中，K 为零极点增益；zm 为零点；pn 为极点。

该模型在 MATLAB 中，可用 $[z, p, k]$ 矢量组表示，即

$z = [z_1, z_2, \cdots, z_m]$；

$p = [p_1, p_2, \cdots, p_n]$；

$k = [k]$；

然后在 MATLAB 中写上零极点增益形式的传递函数模型建立函数：sys＝zpk（z, p, k）。这个零极点增益模型便在 MATLAB 平台中被建立，并可以在屏幕上显示出来。

举例：已知系统的零极点增益模型：

$$G(s) = \frac{6(s+3)}{(s+1)(s+2)(s+5)}$$

在 MATLAB 命令窗口（Command Window）键入以下程序：

≫$z = [-3]$; $p = [-1, -2, -5]$; $k=6$;

≫ sys＝zpk（z, p, k）

回车后显示结果：

Zero/pole/gain：

$\qquad$ 6 $(s+3)$

…

$(s+1)$ $(s+2)$ $(s+5)$

则在 MATLAB 中建立了这个零极点增益的模型。

④ 状态空间模型　状态方程与输出方程的组合称为状态空间表达式，又称为动态方程，如下：

$\dot{x} = Ax + Bu$

$y = Cx + Du$

则在 MATLAB 中建立状态空间模型的程序如下：

≫$A = [A]$;

≫$B = [B]$;

≫$C = [C]$;

≫$D = [D]$;

≫sys＝ss（A, B, C, D）

（3）系统复杂连接时等效的整体传递函数的求取

系统复杂连接时等效的整体传递函数的求取用 Siumlink 软件实现。Siumlink 软件是基于 Windows 的模型化图形输入的仿真软件，是 MATLAB 软件的拓展，在 Siumlink 环境下输入系统的方框图则可以方便地得到其传递函数。

① 系统方框图　在 MATLAB 命令窗口中输入 simulink，出现一个称为 Simulink Library Browser 的窗口（如图 6-27 所示），它提供构造方框图（或其他仿真图形界面）的模块。在 MATLAB 主窗口对 File \ New \ Model 操作，打开模型文件窗口，在此窗口上，构造方框图。在 MATLAB 主窗口对 File \ New \ Model 操作，打开模型文件窗口，在此窗口上，构造方框图。

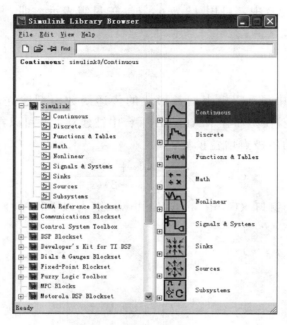

图 6-27　Simulink Library Browser 窗口

② 方框图录入和设置　以图 6-28 所示的系统为例，说明方框图的各模块录入方法和设置方法。

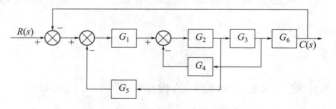

图 6-28　方框图录入和设置实例

图中，$G_1 = \dfrac{1}{s+1}$　　$G_2 = \dfrac{4}{s}$　　$G_3 = \dfrac{6}{2s+1}$　　$G_4 = \dfrac{4s+1}{3s}$　　$G_5 = \dfrac{4}{5s+1}$　　$G_6 = \dfrac{1}{s}$

a. 录入各传递函数方框　在 Simulink Library Browser 的窗口打开 Simulink→Continuous 子库，将 Transfer Fcn 模块复制到（拽到）模型文件窗口，共复制 6 个方框，分别放到相应位置。传递函数是积分环节的，也可以复制 Integrator 模块。

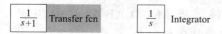

b. 录入相加点　在 Simulink Library Browser 的窗口打开 Simulink→Math 子库，将 Sum 模块复制到（拽到）模型文件窗口，共复制到（拽到）模型文件窗口，共复制 3 个相加点，分别放到相应位置。

c. 录入输入点与输出点标记　打开 Simulink→Sources 子库，将 In1 模块（输入点）复制到（拽到）模型文件窗口，放到相应位置。

打开 Simulink→Sinks 子库，将 Out1 模块（输出点）复制到（拽到）模型文件窗口，放到相应位置。

$\quad$ In1 $\quad$ Out1

d. 连接各方框（环节）　在模型文件窗口上，按箭头方向从起点到终点按住鼠标左键，连接方框。

传递函数方框有信号的入点和出点标记，画图不方便时，可以修改原来的方向，右键点击方框，在出现的浮动菜单上，作如下选择，即可实现方框旋转，如图 6-29 所示。

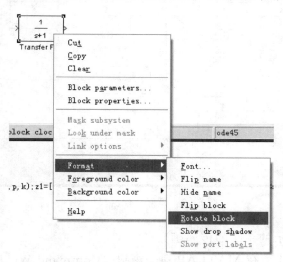

图 6-29　传递函数方框旋转

还可以对方框加阴影，改颜色，增加或取消修改名称注释及其位置等。其他模块也有这些功能。

e. 双击各模块，在参数设定窗口，设置模块参数。

对于方框，是确定该方框表示的具体传递函数，如图 6-30 所示。

对于相加点，是确定图形标记是圆形还是方形，并确定有几个需要相加的输入信号及信号极性，如图 6-31 所示。

输入点与输出点标记不用再设置。

在模型文件窗口构建得到的框图如图 6-32 所示，将构建的方框图保存自定义文件名，保存在默认的目录下。

图 6-30　方框传递函数输入

图 6-31　相加点输入信号及信号极性输入

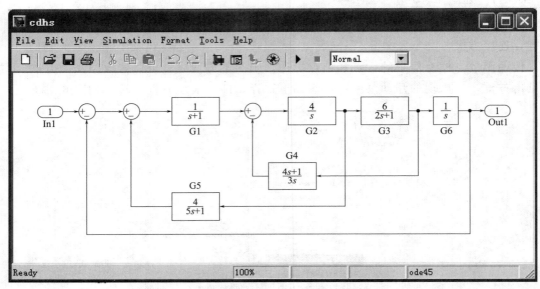

图 6-32　模型文件窗口框图

③ 求取方框图表示的系统的传递函数

a. 有理多项式形式　在 MATLAB 命令窗口（Command Window）键入以下程序：

≫ [n，d]＝linmod（'cdhs'）　　注：' 　'中是自定的文件名。

结果：

Returning transfer function model

n ＝

$$0 \quad 0.0000 \quad 0 \quad 0.0000 \quad 12.0000 \quad 2.4000 \quad 0.0000$$

d ＝

$$1.0000 \quad 1.7000 \quad 16.8000 \quad 26.5000 \quad 21.6000 \quad 3.2000 \quad 0.0000$$

b. 零极点增益模型　在 MATLAB 命令窗口（Command Window）键入以下程序：

≫ [a，b，c，d]＝linmod2（'cdhs'）；G＝ss（a，b，c，d）；G1＝ZPK（G）

结果：

Zero/pole/gain：

$$\frac{12\,s\,(s+0.2)}{s\,(s+0.1855)\,(s\wedge2+1.521s+1.12)\,(s\wedge2-0.006824s+15.41)}$$

化简

≫G2＝minreal（G1）

结果：

Zero/pole/gain：

$$\frac{12\,(s+0.2)}{(s+0.1855)\,(s\wedge2+1.521s+1.12)\,(s\wedge2-0.006824s+15.41)}$$

（4）step 阶跃响应

MATLAB 为用户提供了专门用于单位阶跃响应并绘制其时域波形的函数 step 阶跃响应常用格式：

step（num，den）

或 step（num，den，t）　表示时间范围 $0\sim t$。

或 step（num，den，t1：p：t2）　绘出在 $t_1\sim t_2$ 时间范围内，且以时间间隔均匀取样的波形。

［例 6-1］　已知传递函数为：

$$G(s)=\frac{25}{s^2+4s+25}$$

利用以下 MATLAB 命令可得阶跃响应曲线如图 6-33 所示。

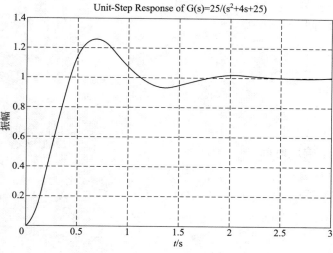

图 6-33　MATLAB 绘制的响应曲线

≫num＝［0，0，25］；

　den＝［1，4，25］；

　step（num，den）

　grid　％ 绘制网格线。

119

title（'Unit-Step Response of G（s）＝25/（s∧2＋4s＋25）'）％图像标题

还可以用下面的语句来得出阶跃响应曲线。

```
≫G＝tf（[0，0，25]，[1，4，25]）;
    t＝0：0.1：5;    ％ 从 0 到 5 每隔 0.1 取一个值。
    c＝step（G，t）;    ％ 动态响应的幅值赋给变量 c。
    plot（t，c）    ％ 绘二维图形，横坐标取 t，纵坐标取 c。
    Css＝dcgain（G）    ％ 求取稳态值。
```

系统显示的图形类似于图 6-33，在命令窗口中显示了如下结果

Css＝　　　　　　　1

[例 6-2]　已知二阶系统传递函数为：

$$G(s) = \frac{3}{(s+1-3i)(s+1+3i)}$$

利用下面的 stepanalysis. m 程序可得到阶跃响应如图 6-33 及性能指标数据。

```
≫G＝zpk（[ ]，[−1＋3*i，−1−3*i]，3）;
    ％ 计算最大峰值时间和它对应的超调量
    C＝dcgain（G）
    [y，t]＝step（G）;
    plot（t，y）
    grid
    [Y，k]＝max（y）;
    timetopeak＝t（k）
    percentovershoot＝100*（Y−C）/C
    ％计算上升时间
    n＝1;
    while y（n）＜C
        n＝n＋1;
    end
    risetime＝t（n）
        ％计算稳态响应时间
    i＝length（t）;
    while（y（i）＞0.98*C）&（y（i）＜1.02*C）
        i＝i−1;
    end
    setllingtime＝t（i）
```

运行后的响应图如图 6-34，命令窗口中显示的结果为

C ＝　　0.3000　　　timetopeak ＝　1.0491

percentovershoot ＝35.0914　　　　　risetime ＝0.6626

setllingtime ＝ 3.5337

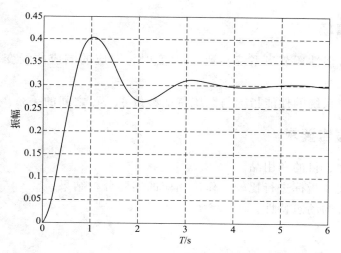

图 6-34　MATLAB 绘制的响应曲线

6.9.5　实验步骤

（1）掌握 MATLAB 软件使用的基本方法。

（2）用 MATLAB 软件产生下列系统的传递函数模型。

$$G(s) = \frac{s^4 + 3s^3 + 2s^2 + s + 1}{s^5 + 4s^4 + 3s^3 + 2s^2 + 3s + 2}$$

（3）系统结构框图如图 6-35 所示，求其多项式传递函数模型。

（4）有一阶系统 $G(s) = \dfrac{1}{Ts+1}$ ，求 T 分别为

0.2、0.5、1、5 时单位阶跃响应曲线。

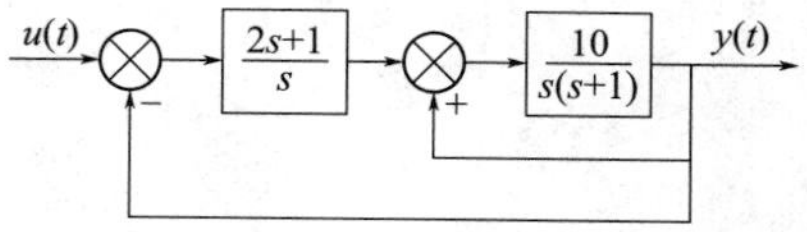

（5）有二阶系统 $G(s) = \dfrac{\omega_n^2}{s^2 + 2\zeta\omega_n s + \omega_n^2}$ ，求

图 6-35　系统结构框图

① $\omega_n = 6$ ，ζ 分别为 0.2、0.5、1 时单位阶跃响应曲线。

② $\zeta = 0.7$ ，ω_n 分别为 2、4、12 时单位阶跃响应曲线。

③ 键入程序，观察并记录单位阶跃响应曲线。

④ 记录各响应曲线实际测取的峰值大小、峰值时间、超调量及过渡过程时间，并填入表 6-13。

表 6-13　实验数据记录

项目		实际值	理论值
峰值 $C_{\max}$			
峰值时间 t_p			
超调量 $\sigma/\%$			
过渡时间 t_s	$\pm 5\%$		
	$\pm 2\%$		

6.9.6　注意事项

（1）注意一阶惯性环节当系统参数 T 改变时，对应的响应曲线变化特点，以及对系统的性能的影响。

（2）注意二阶系统的性能指标与系统特征参数 ξ、ω_n 之间的关系。

6.9.7　实验报告要求

（1）实验名称、目的和用品。

（2）响应曲线及指标进行比较，作出相应的实验分析结果。

（3）分析系统的动态特性。

（1）上水箱

长 24cm、宽 13cm、高 15cm，溢流口高度 12cm，底面积 $A=24\text{cm}\times13\text{cm}$

（2）下水箱

长 28cm、宽 15cm、高 15cm，溢流口高度 12cm，底面积 $A=28\text{cm}\times15\text{cm}$

（3）复合加热水箱

① 外套水箱：长 24.5cm、宽 14.5cm、高 12cm，溢流口高度 9.5cm

② 内套水箱：长 15cm、宽 11cm、高 11.5cm，溢流口高度 8.5cm

（4）储水箱

长 50cm、宽 40cm、高 35cm

参 考 文 献

[1] 郑津洋，董其伍，桑芝富. 过程设备设计 [M]. 北京：化学工业出版社，2010.

[2] 李云，姜培正. 过程流体机械 [M]. 北京：化学工业出版社，2008.

[3] 邹广华，刘强. 过程装备制造与检测 [M]. 北京：化学工业出版社，2003.

[4] 王毅，张早校. 过程装备技术及应用 [M]. 北京：化学工业出版社，2007.

[5] 张毅刚. 单片机原理及应用 [M]. 北京：高等教育出版社，2004.

[6] 谭天恩，窦梅. 化工原理 [M]. 北京：化学工业出版社，2013.

[7] 戴凌汉，金广林，钱才富. 过程装备与控制工程专业实验教程 [M]. 北京：化学工业出版社，2012.

[8] 王志文，蔡仁良. 化工容器设计 [M]. 北京：化学工业出版社，2005.

[9] 杨启明. 压力容器与管道安全评价 [M]. 北京：机械工业出版社，2007.

[10] GB/T 12242—2005 压力释放装置 性能测试规范 [S].

[11] GB/T 3853—1998 容积式压缩机验收试验 [S].

[12] GB/T 4030.3—2005 承压设备无损检测 第 3 部分 超声检测 [S].